Stephanie Borgert

Die kranke Organisation

STEPHANIE BORGERT

Die kranke Organisation

Diagnosen und Behandlungs-
ansätze für Unternehmen in Zeiten
der Transformation

Bibliografische Information der Deutschen Nationalbibliothek

Die Deutsche Nationalbibliothek verzeichnet diese Publikation in
der Deutschen Nationalbibliografie; detaillierte bibliografische Daten
sind im Internet über http://dnb.d-nb.de abrufbar.

ISBN 978-3-86936-900-6

Lektorat: Anke Schild, Hamburg
Umschlaggestaltung: Martin Zech Design, Bremen | www.martinzech.de
Autorenfoto: Jan Hillnhütter, Schifferstadt
Illustrationen: Sandra Schulze, Heidelberg
Satz und Layout: Das Herstellungsbüro, Hamburg | www.buch-herstellungsbuero.de
Druck und Bindung: Salzland Druck, Staßfurt

© 2019 GABAL Verlag GmbH, Offenbach

Printed in Germany

www.gabal-verlag.de
www.facebook.com/Gabalbuecher
www.twitter.com/gabalbuecher

Inhalt

Die eigentliche Frage ist nicht, ob Maschinen denken können,
sondern ob Menschen es tun.

B.F. SKINNER

Beipackzettel

»Das ist doch krank, was wir hier machen«, ruft ein Manager sichtlich aufgebracht in die Runde. Seit anderthalb Tagen diskutiert der Führungskreis nun über die Strategie, deren Sinn und die Umsetzung. Dabei kommen natürlich alle möglichen Themen auf den Tisch. Verfehlte Zielvorgaben, demotivierte Mitarbeitende, der starke Wettbewerb, die Bürokratie, unpassende Prozessvorgaben, und, und, und. In dem Moment, in dem ich dem Manager innerlich zustimme, ist die Idee für dieses Buch geboren. Ja, unsere Organisationen leiden unter vielen Krankheiten, oft unter mehreren gleichzeitig. Und dabei kann das Unternehmen wirtschaftlich durchaus gesund sein.

Vieles läuft schief, Probleme lösen sich nicht auf, sondern treten in regelmäßigen Abständen immer wieder zutage, die Mitarbeitenden maulen. Das ist alles nicht neu und wird täglich in Artikeln, Kolumnen und Büchern beschrieben, denken Sie womöglich jetzt. Stimmt – doch was mich dabei kolossal stört, ist, dass die Krankheiten dort auf die Menschen projiziert werden, gerade so, als würden einzelne von einem ominösen Virus Befallene ganze Organisationen infizieren. Es sind nicht die einzelnen Menschen krank, es ist die Organisation als System. Das ist ein riesiger Unterschied in der Betrachtungsweise.

Nicht die einzelnen Menschen sind krank, sondern die Organisation als System

Den Führungskreis begleite ich über die zweitägige Tagung, und ich stelle mal wieder fest, dass ich einen tollen Beruf habe. Die verschiedensten Unternehmen kennenlernen und aus den unterschiedlichsten Perspektiven betrachten zu dürfen, ist einfach spannend. Als Rednerin und Organisationsberaterin bekomme ich ganz unterschiedliche Sichten präsentiert, auch abhängig davon, wer mein direkter Auftraggeber ist. Es macht einen Unterschied, ob mein Einstieg über den Personalbereich, eine Fachabteilung oder die Geschäftsführung stattfindet. Was hingegen deutlich weniger Unterschied macht, als meine Auftraggeber oft glauben, ist die Branche, in der sie wirken. Ob Triebwerkhersteller, Versicherungsunternehmen, Klinikum, IT-Beratung oder Straßenbaukonzern, sie verbindet mehr, als sie unterscheidet.

Wie sie ticken, hängt nicht davon ab, was sie fachlich produzieren oder als Dienstleistung anbieten, sondern davon, wie sie sich organisieren. Die meisten Unternehmen glauben, sie seien sehr speziell und anders als die anderen. Meine Erfahrung zeigt mir etwas anderes. Geht es um das Verständnis von Management, Führung, das Menschenbild, die Frage nach Vertrauen, Kooperation und Zusammenarbeit, sehe ich wiederkehrende Muster. Wir unterteilen Unternehmen gerne in Kategorien wie Mittelstand, Handwerk, Industrie, internationale Konzerne, Dienstleistungsbetriebe; wir differenzieren zwischen diversifizierten und spezialisierten Firmen und was uns dazu sonst noch einfällt. Diese Kategorien verschwimmen aber auf der Ebene von Arbeitsorganisation. So wie Krankheiten bei uns Menschen keinen Unterschied machen, wen sie befallen, sind auch Organisationskrankheiten überall zu finden.

Was mich persönlich immer wieder erstaunt: Die Menschen leiden ganz eindeutig unter den krankhaften Mustern, behalten sie aber gleichzeitig bei. Es gibt ein Zuviel an Bürokratie und als Nächstes wird genau die ausgebaut. Die Menschen fühlen sich von den zu starren Prozessen eingeengt, ein Prozess-Redesign soll es richten. Mehr vom Gleichen ist das vermeintliche Gegenmittel, das flächendeckend eingesetzt wird, aber leider seine Wirkung verfehlt. Mein Anliegen ist es, die typischen krankhaften Organisationsmuster zu beschreiben und Ideen zu deren Heilung anzubieten.

Anwendungsgebiet

Viele Organisationen sind bereits erkrankt oder akut gefährdet: Kontrollzwang, Überbürokratisierung oder mangelnde Flexibilität sind weit verbreitet. Schwerfällig sind Unternehmen bei der Entscheidung zur Transformation vor allem, wenn sie wirtschaftlich gute Ergebnisse erarbeiten, denn dann lässt sich alles mit dem Argument »Wieso, es geht uns doch gut« vom Tisch wischen. Deshalb ist dieses Buch für Menschen, die in einer komplexen Welt leben und arbeiten, führen, managen, entscheiden und wirken. Denn die Art, wie »nach alter Väter Sitte« Management und Führung verstanden werden, passt nicht mehr in die Zeit, wirtschaftlicher Erfolg hin oder her. In einer komplexen, dynamischen und vernetzten Arbeitswelt provoziert altes Management dysfunktionale Organisations- und Kommunikationsmuster. So richtet sich dieses Buch an alle, die spüren, vermuten oder auch wissen, dass etwas schiefläuft, und die den Dingen auf den Grund gehen möchten. Die Betrachtungen sind dabei ganzheitlich, es wird nicht schnell auf Symptome geschaut und dann die häufigste Fehldiagnose »Der Mensch ist schuld« gestellt. Ich schaue mit Ihnen auf Organisationen als komplexe soziale Systeme und forsche nach den Ursachen hinter der Symptomatik, um nachhaltige Heilung zu ermöglichen.

Selbstverständlich möchte ich mit diesem Buch niemanden vorführen. Ich werde nicht mit dem Zeigefinger auf Unternehmen, geschweige denn auf Menschen zeigen und sagen: »Die sind zu dumm.« Was ich Ihnen anbieten möchte, ist eine Art Spiegel, sodass Sie Ihre Muster, Strukturen und Dynamiken wiedererkennen und gegebenenfalls verändern können. Wie in meiner täglichen Arbeit auch möchte ich Sie wertschätzend provozieren.

Zusammensetzung

In den folgenden Kapiteln beschreibe ich zunächst zehn funktionale Störungen und woran sie zu erkennen sind. Wenn ich über konkrete Kundensituationen schreibe, dann beschreibe ich Situationen und Dinge, die ich immer auch meinen Kunden zurückgespielt habe. Die vermeintliche Linearität, die durch das Aufschreiben entsteht, kann den Themen nicht gerecht werden, lässt sich in einem Buch aber nicht vermeiden. So ist auch eine lupenreine Zuordnung der Symptome zu den Krankheiten kaum möglich. Die Ursachen, die ich jeweils im Abschnitt »Pathogenese« beleuchte, bilden ein Netz mit wechselseitigen Wirkungen. Das, worüber ich in diesem Buch schreibe, ist eben komplex. Die Behandlungsempfehlungen sind Ideen, keine Rezepte. Ihre Wirkung ist weder vorhersagbar noch garantiert. Wir können nur versuchen, gut und passend zu intervenieren. Wie das System reagiert, wissen wir nicht im Voraus.

Jedes Kapitel ist so aufgebaut, dass nach einer Beschreibung der Krankheit diese Rubriken folgen:

◆ Pathogenese

außer im Kapitel »Starrsinn«, dort gibt es eine   Salutogenese

◆ Behandlung

◆ Wirkung

Das Abschlusskapitel »Vorsorge« bietet Ihnen eine Reihe Denkanstöße und Werkzeuge, um Ihre Organisation zu behandeln beziehungsweise Prävention zu betreiben. Auch hierbei ist klar, dass es keine Vollständigkeit geben kann. Die Aspekte sind sehr verdichtet beschrieben und viele Themen dürfen gerne ausführlich beleuchtet werden. Sie finden in den Literaturempfehlungen zahlreiche gute Bücher, um tiefer einzutauchen.

Einnahmeempfehlung

Beginnen Sie, wo Sie möchten. Es gibt keine Notwendigkeit, das Buch chronologisch vom Anfang bis zum Ende zu lesen, auch wenn ich Ihnen das ans Herz lege. Damit ein Start an beliebiger Stelle möglich ist, wiederholen sich einige Aspekte. Ich habe mich aber darum bemüht, die Wiederholungen so gering wie möglich zu halten.

Wie bei allen Organisationskrankheiten sollten Sie den Dingen in ihrem Kontext auf den Grund gehen und die gelebten Glaubenssätze, Vorurteile und Stereotype hinterfragen. Alle Ideen und Maßnahmen, die ich Ihnen in den folgenden Kapiteln vorschlage, sind, wie gesagt, als mögliche Lösungen zu betrachten und nicht als Rezept. Und eines gilt dabei für jegliche Maßnahme, Methode und Intervention: Sie fruchten auf Dauer nur, wenn Ihre Haltungen und Sichtweisen dazu passen.

Zu Risiken und Nebenwirkungen fragen Sie Ihren gesunden Menschenverstand oder die Autorin.

Führungsschizophrenie

Was ist Führung?

Kaum eine Rolle wurde in den letzten Jahren so intensiv diskutiert wie die der Führungskraft. Führungskräfte brauchen neue Kompetenzen, Führung muss sich neu erfinden, die soziale Kompetenz ist entscheidend, die meisten Chefs und Chefinnen sind nicht empathisch genug, es gibt zehn goldene Regeln für Führung in digitalen Zeiten, Führung muss Kultur gestalten – und so weiter. Alle sprechen über Führung, aber was ist das denn genau? Hier eine kleine Auswahl möglicher Definitionen:

>*Die einzige Definition eines Führenden ist: eine Person, der andere folgen.*« (PETER DRUCKER)

>*Führung definiert, wie die Zukunft aussehen sollte, stimmt die Menschen auf die Vision ein und inspiriert sie, diese trotz aller Hindernisse wahr werden zu lassen.*« (JOHN P. KOTTER)

>*Führung: durch Interaktion vermittelte Ausrichtung des Handelns von Individuen und Gruppen auf die Verwirklichung vorgegebener Ziele; beinhaltet asymmetrische soziale Beziehungen der Über- und Unterordnung.*« (GABLER WIRTSCHAFTSLEXIKON)

Legen Sie Führungskräften diese Definitionen vor, und fragen Sie sie, wo sie sich selbst sehen, antworten die meisten, ohne zu zögern: »Nummer 2.« Kotters Definition klingt gut und kommt den Erwartungen, die viele Organisationen und die Öffentlichkeit an Führung stellen, sehr nahe. Es stimmt nur leider in ganz vielen Fällen nicht und entspringt eher dem Wunsch als der Realität. Der Großteil der Führungskräfte beschäftigt sich mit Aufgabencontrolling, Menschenverwaltung, Administration, Operativem und Kontrolle. Und da beginnt die Schizophrenie. Die tatsächliche gelebte Führung unterscheidet sich erheblich vom geforderten Ideal. Die Führungskräfte passen ihre Wahrnehmung an und leben so in einer falschen Überzeugung oder in permanenter Zerrissenheit und dem Gefühl des Fremdgesteuertseins.

In einem Punkt scheinen sich dann wiederum alle einig: »Eine(r) führt, die anderen folgen.« Das ist zementierter Glaube in den meisten Unternehmen. Eine Führungskraft muss es geben, damit eine Organisation überhaupt funktionieren kann – das glauben Führungskräfte und Mitarbeitende gleichermaßen. Das stelle ich immer wieder fest, wenn ich mit Gruppen Arbeitssimulationen mache und am Ende einer Aufgabe frage, wie Führung stattgefunden hat. Sofern keine formale Struktur vorgegeben wurde, lautet die Antwort in der Regel: »Gar nicht.« Dann hake ich nach, woran die Betreffenden das festmachen, und bekomme die Antwort: »Sonst hätte es eine Person gegeben, die sagt, wo es langgeht und was wie zu tun ist.« Auch wenn in einer solchen Simulation die Aufgabe nur unbefriedigend gelöst wurde oder zwischendurch Irritationen entstanden, ist die Antwort auf »Was hätten Sie gebraucht?« unisono: »Eine Führungskraft.« Die Führungskraft weiß, wie es geht, und sorgt für einen reibungslosen Ablauf, ist der Glaubenssatz dahinter. Diese Idee von Führung sitzt fest in den Köpfen der Menschen und wird nicht hinterfragt. Angebote, mal einen anderen Gedanken zu denken, werden höflich, aber bestimmt abgelehnt, so als begäbe man sich auf die dunkle Seite der Macht, wenn man auch nur darüber nachdächte, darüber nachzudenken.

Was ist denn das Verständnis von Führung in vielen tradierten Unternehmen? Unterm Strich bleiben: Ergebnisse liefern und die Mannschaft unter Kontrolle halten. Hier entstehen allerdings Dissonanzen, denn soziale Systeme lassen sich nicht zentral steuern oder kontrollieren. Das wissen und spüren auch viele Führungskräfte, doch fehlt weitestgehend das systemische Verständnis und eine Idee, wie Erfolg dann gelingen kann. Die Konsequenz sind leider Führende, die noch intensiver über noch kleinschrittigere Ziele zu führen versuchen und ihre Mitarbeitenden kontrollieren. Das schließlich lernen sie als Management kennen; und da die Begriffe

»Führung« und »Management« fast überall als gleichbedeutend genutzt werden, tun die Führungskräfte genau das, was in dieser Rolle von ihnen erwartet wird.

Ach ja, das Wort »Kontrolle« steht vielerorts auch auf der Streichliste, und mit der Entdeckung des Potenzials der Mitarbeitenden werden diese in den Mittelpunkt gestellt und zufrieden gemacht. Denn, so heißt es in vielen Büchern und Ratgebern, zufriedene Mitarbeitende leisten gerne und quasi freiwillig. Verstehen Sie mich bitte nicht falsch, ich bin sehr dafür, dass alle Menschen in Unternehmen zufrieden und motiviert sind. Aber nicht als Selbstzweck. Es wird immer Aufgaben geben, die einfach gemacht werden müssen. Zurück zu den zufriedenheitsschaffenden Führenden. Jetzt muss die Führungskraft es nur noch schaffen, dass die Mitarbeitenden die Unternehmensziele zu ihren eigenen machen – und zack, baden alle gemeinsam in der Glückseligkeit des immerwährenden Erfolges.

In diesen hohlen Phrasen stecken gleich mehrere unsinnige Annahmen. Zufriedenheit ist nicht der Zweck eines Unternehmens, und der unterstellte monokausale Zusammenhang zwischen Mitarbeiterzufriedenheit und Erfolg des Unternehmens vereinfacht zu stark, weshalb diese ultimative Forderung Quatsch ist. Zudem ist der Blickwinkel personenorientiert, getreu dem Motto »Mach die Einzelnen zufrieden, dann ist auch für das große Ganze gesorgt«. Die Trivialisierung klingt zwar verlockend, schlittert aber am Kern von Organisation völlig vorbei. Die Anforderung, die so an Führungskräfte gestellt wird, ist nicht erfüllbar. Steuernd für Ergebnisse zu sorgen und gleichzeitig die Mitarbeitenden glücklich zu machen, ist ein Paradoxon.

»Herausforderungen« gibt es für Führungskräfte ohnehin genug. Gerade in den letzten Jahren häufen sich starker Wettbewerb, mangelnde Innovationskraft oder auch Mitarbeitende, die Dienst nach Vorschrift machen, um nur einige zu nennen. Die Antwort auf diese Problemstellungen wird meist in der Führung gesehen. Die Führungskräfte sollen und wollen dann jetzt mal all die Ideen aus den Köpfen der Mitarbeitenden extrahieren oder diese zu mehr Eigenverantwortung und Engagement (modern heißt das Intrapreneurship) erziehen oder für ein höheres Tempo sorgen. Mit Verlaub, das ist mit linearer Denke und mehr Kontrolle nicht machbar. Das spüren die handelnden Menschen auch, und so bedient man sich bei den unzähligen Führungsmoden. Beispielsweise wird agile Führung auf den Plan gesetzt, dann soll das wohl klappen mit dem Engagement.

So jedenfalls dachte auch die Geschäftsführung eines mittelständischen Unternehmens aus der Gesundheitsbranche. Probleme: Mitarbeitende finden und wachsender Wettbewerb am Markt. Rahmenbedingungen: wirtschaftlich sehr erfolgreich, stark standardisierte Prozesse, Anerkennung über Titel und Position in der formalen Hierarchie. Vermeintliche Lösung: agile Führung. In intensiven Diskussionen mit der Geschäftsleitung und vielen der Führungskräfte zeigte sich, dass »agile Führung« für sie bedeutete, einfach nur schneller zu werden und bei den Mitarbeitenden mehr Eigenverantwortung einzufordern. Der Plan zur Umsetzung lautete: Jede Führungskraft trägt das ins jeweilige Team und motiviert die Mitarbeitenden zu mehr Initiative und Verantwortungsübernahme. »Verantwortung« hieß in dem Kontext, dass die Mitarbeitenden mehr Entscheidungen treffen sollen, um schneller zu werden.

Führung bedeutet: Bedingungen schaffen, unter denen die Mitarbeitenden erfolgreich arbeiten können

Um zu entscheiden, trifft jeder Mensch Annahmen, und zwar unter Ungewissheit. Sind die Annahmen nicht richtig oder passend, werden Fehlentscheidungen getroffen. Und da waren wir an einem Knackpunkt, denn die Führungskräfte diskutierten nur noch, wie man es schaffen könne, dass die Mitarbeitenden nicht zu viele Fehler machen, also Fehlentscheidungen treffen. Es soll doch möglichst mit einer Fehlerquote von Null gearbeitet werden. Ansonsten sollte eh alles beim Alten bleiben; die eigene Rolle und das eigene Verständnis von Führung zu hinterfragen, war nicht möglich. Natürlich erarbeiteten wir, was Führung bedeutet, wenn man Kundenzentrierung ernst nimmt. Spätestens da war offensichtlich, dass die Forderung der Geschäftsführung vor allem für eines sorgt: noch mehr Dissonanz und Schizophrenie. Der Versuch, im bisherigen Rahmen der Organisation (quasi) agil zu führen, um Ziele wie Effizienzsteigerung zu erreichen, ist nicht nur den Mitarbeitenden gegenüber unfair, sondern stellt auch die Führungskräfte vor eine unlösbare Aufgabe. Führung besteht eben nicht darin, der beste Animateur im Klub zu sein, sondern Bedingungen zu schaffen, die die Ziele erfüllbar machen. Die Geschäftsführung entschied, dass Agilität wohl nichts für ihr Unternehmen sei. Vermutlich werden nun weitere Moden anprobiert und eventuell Probe getragen.

Führung für alle Fälle

»Welchen Führungsstil halten Sie denn für den richtigen in der heutigen Zeit?«, werde ich häufiger gefragt. Meine Antwort darauf ist für die Fragenden unbefriedigend: »Den zum Kontext passenden.« Das meine ich selbstverständlich nicht böse, aber ernst. Es gibt keine konfektionierte Art von Führung, die man sich überziehen kann wie ein Kleidungsstück, um dann einen guten Job zu machen. Trotzdem erblicken bald wöchentlich »neue« Führungsideen das Licht der Unternehmenswelt. Als Heilsbringer angepriesen, werden sie von den Menschen in den Unternehmen aufgesogen und ausprobiert. Das Schlimmste, was Sie als Führungskraft tun können, ist, laufend einen neuen Führungsstil »auszuprobieren«, nur weil er eventuell gerade modern klingt. Für viele Führende scheint der Gedanke leider jedoch gar nicht abwegig, denn sie agieren personenorientiert und sind überzeugt, dass jetzt die Mitarbeitenden eher empathische Führung als agile brauchen oder umgekehrt. So wird fröhlich immer mal wieder ein neuer Führungsstil ausgerufen. Vergessen wird dabei leider, den Kontext der Organisation zu betrachten. Dieser aber ist entscheidend für die passende Art zu führen.

Jetzt ist ein guter Zeitpunkt für Sie, zu reflektieren, welcher Führungsstil wohl Ihre Art und Weise des Führens benennt. Hier eine Auswahl der amtierenden Stile:

◆ Digitale Führung
◆ Disruptive Führung

- Inspirationale Führung
- Soziale Führung
- Sinn- und werteorientierte Führung
- Agile Führung
- NextGen-Führung
- Partizipative Führung
- Integrative Führung
- Vernetzte Führung
- Innovative Führung
- Charismatische Führung
- Autoritäre Führung
- Demokratische Führung
- Laissez-faire-Führung
- Transaktionale Führung
- Transformationale Führung
- Authentische Führung
- Situative Führung

Der grundlegende Denkfehler: Eine(r) führt, die anderen folgen

Jeder einzelne Stil verspricht, ganz bestimmte Probleme zu lösen beziehungsweise ein »Mehr von ...« möglich zu machen. Jeder einzelne verspricht, jetzt aber wirklich der richtige, zeitgemäße und erfolgsgarantierende zu sein, und viele schaffen den Weg zumindest bis in die Personalbereiche der Unternehmen. Da wird dann überlegt, welche Art von Führung man nun ausrufen möchte und wie man all die »verkehrt führenden« Führungskräfte in die entsprechenden Schulungen bekommt, Nachhaltigkeit inklusive. Und so nimmt das Gefühl, ferngesteuert zu werden, bei den Einzelnen weiter zu, während die Organisation mantraartig wiederholt, dass es jetzt neue Führung braucht. Die Schizophrenie verschlimmert sich. Egal, welches Prädikat dem Begriff »Führung« vorangestellt wird, der grundlegende Denkfehler steckt nach wie vor in allen Ansätzen: nämlich dass eine(r) führt und die anderen folgen. Damit das möglichst alle gleich machen, wird irgendwann ein Leitbild entwickelt und, wenn man was auf sich hält, veröffentlicht. Das löst kein einziges Problem, ist aber modern.

Wir brauchen ein Führungsleitbild!?

Haben Sie in Ihrer Organisation auch eines? Wenn ja, was bewirkt es? Wenn es dazu dient, den Diskurs über Führung und darüber, wie Sie zusammenarbeiten wollen, lebendig zu halten, gehören Sie zu einer Minderheit. Üblicherweise wird der Ordner mit den Leitlinien vom HR-Bereich erstellt und nur zu Schulungszwecken aus dem Regal geholt, dann verkündet und wieder weggestellt. Trotzdem glaubt man in vielen Organisationen daran, dass ein Führungsleitbild zu irgendetwas anleitet. So individuell die Unternehmen sich sehen möchten, so ähnlich sind sich aber die Ausformulierungen der Leitbilder:

- Vorbild sein und dadurch Vertrauen gewinnen
- Leistung ermöglichen
- Fördern und fordern durch Anerkennung und Kritik
- Offen sein für Menschen und Kulturen
- Konsequentes Handeln
- Führen durch klare Ziele
- Mitarbeitende entwickeln
- Veränderung wagen
- Unternehmerisches Denken und Handeln
- Wertschätzung und respektvoller Umgang miteinander

Hier wird (mal wieder) beschrieben, wie man die Welt gerne hätte. Das ist Wunschdenken und bewirkt nichts. Leitbilder werden aufwendig erarbeitet, von einer Kommunikationsagentur hübsch gestaltet, in Schulungen verbreitet, auf Würfel oder Kaffeebecher gedruckt und dann wird auf das Eintreten des gewünschten Ergebnisses gewartet. Aber, oh Wunder, die Führung verändert sich nicht, es bleibt alles beim Alten.

Gleichzeitig bekommt jede Organisation regelmäßig gespiegelt, wie weltfremd manche Leitsätze sind. Neue Führungskräfte nämlich, die noch nicht lange im Unternehmen sind, sitzen in den Trainings und wissen intuitiv, was davon Utopie ist und was tatsächlich mit dem Leben im System etwas zu tun hat. Dieser kurze Moment von Beobachten und Erkennen wird aber so gut wie nie genutzt, denn »was wissen die Neuen schon«? Nach einer Weile hat jede Führungskraft gelernt, dass Leitlinien zum Abheften und Vergessen gemacht sind, spätestens wenn sie dem echten Leben begegnen. Und kommt doch mal jemand auf die Idee, sich so zu verhalten, wie in den Leitlinien formuliert, wird er oder sie sicher keine Karriere in dem Unternehmen machen, denn dieses Verhalten ist nicht systemkonform.

Werfen Sie mal einen kritischen Blick auf die Formulierungen Ihres Leitbildes. Wie konkret sind denn die dort niedergeschriebenen Verabredungen? In den entsprechenden Workshops dazu werden fast nur Allgemeinplätze formuliert, die so trivial sind wie meine Beispiele. So werden sie denn auch, wann immer notwendig, frei interpretiert und irgendwann Opfer des Zynismus. Dann nämlich, wenn »Bei uns steht der Mitarbeitende im Mittelpunkt« übersetzt wird in »… und damit immer im Weg« oder »Der Mitarbeitende ist Mittel. Punkt«.

Die Führungsleitbilder vieler Unternehmen sind auf den entsprechenden Webseiten zu finden, wobei man sich fragt, was das die Öffentlichkeit interessiert. Am Ende werden die so ausgeklügelten, wohlklingenden Phrasen als Marketinginstrument benutzt. Schaut mal, wie gut wir führen. Und so sind sie wenigstens für irgendwas gut. Warum aber hält eine Organisation an etwas fest, was keine Wirkung erzeugt und im schlimmsten Fall zum Running Gag mutiert? Es ist wohl Hoffnung. Die Hoffnung der Menschen, die Lösung ihrer Probleme läge in der Führung – und wenn die von den Führungskräften anders gelebt würde, würde sich alles zum Guten wenden. Dahinter steht in der Regel ein lineares und personenorientiertes Denken. Hat man sich einmal für ein Führungsleitbild entschieden, wird dieses nicht wieder aus dem Programm genommen, vielleicht in dem Glauben, dass es irgendwann etwas bewirken muss.

Sie merken schon, ich steige nicht in das übliche Manager- und Führungskräfte-Bashing ein, das die Menschen durchaus geringschätzend als Energieräuber, Feiglinge oder Psychopathen tituliert. Denn auch das ist eine Fixierung auf die Einzelnen. Wenn es aber

um »schlechte Führung« geht, dann geht es nicht um einige wenige, sondern um Massenversagen; und das ist nicht in der Persönlichkeit der Führungskräfte begründet, sondern im System. Auch
ich beobachte oft unglaublich unpassendes Führungsverhalten, und
zwar auf allen Ebenen. Zugleich bin ich zutiefst davon überzeugt,
dass Führungskräfte genauso rollen- und systemkonform agieren
wie alle anderen Mitarbeitenden auch. Sie tun das, was für sie in
diesem Kontext Sinn ergibt. Vermitteln wir ihnen nun fortlaufend,
dass sie das Falsche tun, sagen wir implizit, dass sie blöd sind. Auf
Dauer setzt das die Führungskräfte in eine immer größer werdende
Dissonanz. Die Organisation als Ganzes wird immer kränker, predigt
sie doch laufend, was gar nicht machbar ist, außer vielleicht für Su-
perman.

Die ewigen Helden

Führen wie Steve Jobs, Elon Musk, Bill Gates oder Jeff Bezos? Sie
alle sollen so ihre Macken haben oder gehabt haben, zeigten sich
als Choleriker, Pingelköppe oder Ausbeuter, und gleichzeitig wollen die Menschen für und mit ihnen arbeiten. Die Vision, die sie
eint: die Welt besser machen. In der Biografie zu Bezos finden sich
viele Anekdoten, die ihn wie einen modernen Sklaventreiber wirken lassen. So soll es in den ersten Tagen von Amazon keine Tische
gegeben haben, sodass die Leute auf dem Estrich saßen und Pakete
packten. Ein Mitarbeitender hat sich bei Bezos darüber beklagt und
zur Antwort bekommen, er solle sich gefälligst Knieschoner anzie-
hen, wenn ihn das störe. Ein paar Tage später hat er dann doch
Tische besorgt. Bezos hat, wie die anderen Herren auch, sein Unternehmen groß gemacht, aus dem Nichts ein florierendes Geschäft
entwickelt und Vermögen generiert. Vor diesem Hintergrund lassen
sich tolle Geschichten erzählen, klar. Gefeiert werden sie für die Innovationen und wirtschaftlichen Erfolge, trotz – nicht wegen – ihrer
Art zu führen. Deshalb hinken diese Vergleiche nicht nur, sondern
sind unfair gegenüber all den Führungskräften, die im System zum
Verwalter gemacht und von der öffentlichen Meinung genau dafür
gescholten werden.

Die Geschichte des Helden hören wir gerne, und noch viel lieber wären wir einer von denen, die Großartiges erschaffen und dafür gefeiert werden. Nur sind die Erfolge im Falle Jobs, Gates, und wie sie alle heißen, gar keine Einzelleistungen. So wie in all den Maschinenbau- und Versicherungsunternehmen, Autohäusern, Handelsketten, IT-Systemhäusern, Krankenhäusern, Telekommunikationsunternehmen und Wirtschaftprüfungsgesellschaften kein einzelner Mensch das Zünglein an der Waage von Erfolg oder Nichterfolg ist. Erfolg (was immer auch darunter verstanden wird) ist eine Kollektivleistung. Nichts, was wir planen, tun, kommunizieren oder denken, ist losgelöst entstanden, weshalb die Idee vom Helden zwar nett, aber letztlich falsch ist.

So kann man der Führungskraft, die von den Mitarbeitenden eigene Entscheidungen fordert und gleichzeitig Mikromanagement betreibt, genau das zwar vorhalten. Schaut man genauer hin, dann ist die Organisation so strukturiert, dass jedes Detail aller Vorgänge immer auch an das obere Management berichtet werden muss. Was also bleibt der Führungskraft anderes übrig, als ständig alle möglichen Informationen abzufragen. »Sie kann doch dagegen arbeiten und dafür sorgen, dass sich das ändert«, könnte man einwenden. Klar, einen Versuch ist es wert. Findet das Anliegen keine Resonanz im System, wird nichts passieren. Lässt die Führungskraft nicht nach und probiert immer weiter, beginnt sie einen Kampf gegen das System. Der ist schon verloren, bevor er richtig begonnen hat.

Das Hauptdilemma, in dem ich viele Führungskräfte im Moment sehe, besteht darin, dass sie Veränderungen treiben sollen, aber unter Beibehaltung aller Strukturen, Methoden, Prozesse und Verfahren. Das nennt man eine unlösbare Aufgabe. Alles Grundsätzliche beibehalten und gleichzeitig etwas verbessern, beschleunigen, effizienter oder was auch immer machen, ist Optimierung. Die Erwartungen aber sind Innovation, Disruption, organisationale Veränderung & Co. Die zu erfüllen, gelingt nur mit Veränderungen zweiter Ordnung, und das bedeutet, an die Struktur zu gehen. Solange Führung in einem Unternehmen darauf angelegt ist, zu verwalten und Kennzahlen zu messen, gibt es für die Führungskräfte den Spielraum der Strukturdiskussion gar nicht. Da helfen auch Leitbilder und Führungsmoden nicht. Man muss schon die grundlegende Krankheit behandeln.

Die zentrale Frage, die in vielen Debatten um die modernen Führungsideen nicht beantwortet wird, möchte ich hier noch mal deutlich machen: Wozu braucht es überhaupt andere Führung als eine, die darauf setzt, »Ordnung zu halten«? Die Antwort hat nichts zu tun mit Gutmenschentum, einer angeblichen Generation Y, die ja so anders geführt werden will, oder einem Wesen namens Digitalisierung. Die Antwort gibt uns der Markt. Die Veränderung von Führung ist getrieben über die gestiegene Komplexität des Marktes und in einem komplexen Markt muss man komplex agieren. Wenn uns viele Möglichkeiten begegnen, brauchen wir ebenso viele Möglichkeiten zu reagieren. Dieser Gedanke folgt Ashbys Gesetz der erforderlichen Varietät.

Führung muss sich verändern, weil die Welt komplexer geworden ist

Auf den Punkt gebracht, sind die wesentlichen Schizophrenie-Treiber:

- der Glaube, Führung hänge an einer Person,
- die Erwartung »one size fits all« – dass Führungskräfte alles können müssen,
- ein künstliches Leitbild ohne Bezug zur gelebten Organisation,
- der Glaube, gute Führungskräfte seien Helden,
- ein überholtes Bild vom Menschen.

Pathogenese

Management = Führung

Die Fachwelt streitet noch, wer die Definitionshoheit für den Begriff »Führung« besitzt. Ob es John P. Kotter oder James M. Burns war, ist aus meiner Sicht nicht wesentlich. Viel wichtiger ist es, Führung und Management zu unterscheiden, denn es sind zwei Rollen mit unterschiedlichen Aufgaben. Management, als Funktion, beinhaltet Zieldefinition, Strategieentwicklung, Planung, Organisation und Kontrolle von Abläufen. Manager sind also eher Verwalter. Führung dagegen bedeutet, zu inspirieren, den Raum für Kreativität zu schaffen und motivierend zu agieren. Führende sind Visionäre. Folgt man dieser Unterscheidung und schaut dann auf Steve Jobs im Vergleich zu einer beliebigen Führungskraft im mittleren Management einer tradierten Konzernstruktur, ist glasklar, wer Managender und wer Führender ist.

Die meisten Führungskräfte sind Manager, erstens weil von ihnen im Wesentlichen erwartet wird, die größtmögliche Effizienz aus einem Unternehmen zu pressen, und zweitens weil immer noch die mit der höchsten Expertise zur Führungskraft ernannt werden. Also doch die falschen Menschen auf den Positionen? Ja, aber das Problem sind nicht die Menschen, es ist ein systemisches. Eine Organisation, die vor allem Wert auf Effizienz und Kostensparen legt und daran glaubt, zentral steuern zu können, braucht Manager, die KPIs erfüllen, Vorgaben beachten und kontrollieren, dass niemand ein teures Hotelzimmer bucht. Deswegen finden sich Führungspersönlichkeiten in diesen Organisationen auf Dauer nicht. Zudem wird oft über Expertise Karriere gemacht. Wer fachlich gut ist, wird Boss. Diese Vorgehensweise ist alles andere als ein Garant für gute Führungskräfte. Menschen, die in einem Fachgebiet tiefe Expertise haben, sind nicht gleichzeitig unbedingt Menschen mit Visionen, die sie gerne mit anderen teilen. Um es auf den Punkt zu bringen: Für die Bestandsverwaltung, in geregelten Prozessen, auf Tempo und Ergebnisse ausgerichtet, braucht es Manager. Überall dort, wo es um Veränderung, Komplexität, Disruption und Innovation geht, braucht es Führende. Davon haben wir zu wenig.

Eine Ursache der Führungsschizophrenie liegt also darin, dass es sich gar nicht um Führung, sondern um Management handelt. Das, was momentan allerorten stattfindet, der Versuch nämlich, aus Managenden Führende zu machen, führt bloß zu noch mehr Schizophrenie, bei den Menschen und der gesamten Organisation.

»Great leaders are born, not made«

Gute Führung ist bestimmt durch angeborene Eigenschaften und nicht über erworbene Fähigkeiten – dieser Glaube hat sich ab dem 19. Jahrhundert verbreitet, befeuert von Historikern wie Thomas Carlyle. Seiner Meinung nach ist Weltgeschichte nur die Sammlung von Biografien großartiger Männer. Und es waren ausnahmslos Männer, gefeiert wegen ihrer Verdienste in kriegerischen Auseinandersetzungen. Julius Caesar, Alexander der Große, Abraham Lincoln oder Mahatma Gandhi. Bei vielen großen Führungspersönlichkeiten scheint es so, als ob sie aus dem Nichts gekommen wären, die Kontrolle übernahmen und so die Menschen in Sicherheit und Erfolg führten. Die »Great-man«-Theorie beruht auf zwei Grundannahmen:

- Große Führungspersönlichkeiten werden mit bestimmten Eigenschaften geboren, die es ihnen ermöglichen, sich zu erheben und Menschen anzuführen.
- Große Führungspersönlichkeiten können dann wirken, wenn das Bedürfnis nach Führung groß ist.

Sie sind Helden, die Regeln brechen, auch Unmögliches bewältigen und dafür von ihren Mitmenschen bewundert werden. Bis zur Mitte des 20. Jahrhunderts war diese Theorie vorherrschend, wenn es um das Verständnis von Führung ging. Heute gibt es, Gott sei Dank, auch andere Blickwinkel darauf, insbesondere die Annahme, dass sich Führung lernen lässt. In den Köpfen vieler Führungskräfte, aber auch der Mitarbeitenden sitzt jedoch immer noch das Bild des oder der einen. Menschen, die andere führen, seien besonders gut, schlau, visionär, gründlich, was auch immer. Auf jeden Fall seien sie besonders, anders als die anderen und deshalb führen sie. Diese Vorstellung speist sich vielleicht nach wie vor aus der Hoffnung auf eine Heldengeschichte. Es gibt in der Komplexität unserer Unternehmen keine heroischen Einzelleistungen, alles ist letztendlich Teamarbeit, Teamerfolg und Teammisserfolg. Menschen, die ernsthaft glauben, einen steuernden Durchgriff auf

Es gibt in unseren Unternehmen keine heroischen Einzelleistungen, alles ist Teamarbeit

eine Organisation zu haben, sind zumindest größenwahngefährdet. Sie bleiben bei der Personenorientierung und dem alten Glauben an den »great man«. Das passt aber nicht in unsere komplexe Welt, die ein Verständnis für Systeme und deren Dynamiken braucht statt ein Festhalten am Bild des einsamen Helden.

Veraltetes Menschenbild

»Meine Mitarbeiter wollen einfach keine Verantwortung übernehmen, die kommen mit jeder Kleinigkeit zu mir.«
»Ich lasse meinen Mitarbeitern schon viel Spielraum, solange die richtigen Ergebnisse rauskommen.«
»Die zwei Älteren wollen auch gar keine Veränderung mehr, die warten auf die Rente.«
»Führungskraft zu sein, ist schon schön, wenn die Mitarbeiter nicht wären.«
»Mir ist es wichtig, die Kommunikation zu steuern, nicht alle Mitarbeiter können mit den Informationen richtig umgehen.«

Das sind Aussagen von Menschen in Führungspositionen, wie sie mir leider oft begegnen. Sie geben Hinweise darauf, was die Damen und Herren Vorgesetzte über Mitarbeitende, sich selbst und ihre Rolle denken. Sie offenbaren, was sie über das Wesen des Menschen glauben. Okay, hat eben jeder Einzelne sein Menschenbild, das Basis seines Denkens und Handelns ist, könnte man denken. Doch auch eine Organisation hat ihr Menschenbild – und danach werden die Strukturen, Prozesse und Führungsinstrumente geschaffen und genutzt. Es ist überindividuell und sorgt für ein gemeinsames Verständnis: »So geht Führung hier.« Dabei findet sich nicht jede Führungskraft in jedem Detail wieder, auf der generellen Ebene aber schon. Immer wieder erlebe ich auch Führende, die neu in ein Unternehmen kommen, die dortige Führungskultur kennenlernen und dann feststellen, dass ihr Verständnis ein anderes ist. Was folgt, ist entweder eine Assimilation oder ein Kampf gegen das System, Letzterer endet irgendwann durch Trennung.

Das Bild vom Wesen des Menschen, das die Organisation hat, entscheidet darüber, welche Strukturen und Instrumente für notwendig gehalten werden und welche Vorstellungen man darüber hat, wie Zusammenarbeit funktioniert. Die Organisation vermittelt den Mitarbeitenden gleichzeitig, sich genau so zu verhalten. Und damit sind wir bei einer Antwort auf die Frage, warum zwar agile, disruptive oder sonstige moderne Führung gefordert wird, die tatsächlich gelebte aber im Industriezeitalter stecken geblieben ist: Das Menschenbild wurde in vielen Unternehmen seit Jahrzehnten nicht aktualisiert, es läuft noch auf Version 1.0. Sobald die Diskussion um das Menschenbild ansteht, dann meist auf Basis der sogenannten X-Y-Theorie von Douglas McGregor (1960). Genauer gesagt, geht es hier um zwei Theorien beziehungsweise zwei Menschenbilder.

Theorie X	Die Menschen haben keine Lust, zu arbeiten, sondern sind vor allem auf Sicherheit bedacht und übernehmen nur ungern Verantwortung. Kontrolle und direktive Führung sind notwendig.
Theorie Y	Menschen arbeiten gerne, besonders wenn der Sinn dahinter klar ist. Sie wollen sich einbringen und verwirklichen. Partizipative Führung ist angesagt.

Nach der X-Theorie ist der Mensch nur mit Incentivierung zur Arbeit zu bewegen, nach der Y-Theorie hingegen ist er grundsätzlich motiviert und verantwortungsvoll. McGregor selbst hatte eine klare Präferenz für die Y-Theorie, der zufolge Führung kooperativ sein und die Selbstverantwortung der Mitarbeitenden gestützt werden sollte. Gerade in der Debatte um Agilität ist das (wieder) topaktuell.

Um es an dieser Stelle unmissverständlich zu machen: X und Y sind nicht verschiedene Typen von Menschen. Es sind die verschiedenen Sichtweisen einer Führungskraft auf Mitarbeitende. Höre ich Menschen mit Führungsverantwortung zu und schaue ich auf die Mechanismen und Instrumente von Führung in der Organisation, wird das zugrunde liegende Menschenbild sichtbar – und es ist fast immer noch Menschentyp X. Solange eine Organisation daran glaubt, dass

Menschen kontrolliert und kleinschrittig angeleitet werden müssen, braucht sie nicht gleichzeitig für agiles Management, Demokratisierung oder Ähnliches zu plädieren. Ihr Menschenbild wird diese Veränderung verhindern.

Behandlung

Die passende Rolle

Führung oder Management, das ist hier die Frage. Die Rollen müssen definiert und unterschieden werden, in Abhängigkeit vom Kontext. Welcher Art sind die Probleme und Aufgaben, die Sie lösen? Bewegen Sie sich in einem stabilen, geregelten Umfeld, dann müssen Sie das Managen beherrschen. Also sind Ihre Aufgaben Steuern und Regeln über Ziele, Planung und Controlling. Ist das Umfeld komplex, geht es um Veränderung und Transformation? Dann müssen Sie führen. Ihre Aufgaben sind dann, zu inspirieren, gemeinschaftlich die Frage nach dem Warum zu klären und intelligente Entscheidungen zu treffen. Es geht darum, dass ein Team gemeinsam auf ein Ziel hinarbeitet. Die Betonung liegt auf »gemeinschaftlich«, denn keine Führungskraft ist allein intelligent genug, um die Komplexität zu meistern. Sie muss vielmehr die Vernetzung zwischen den Bereichen und Menschen gestalten, mit ihnen gemeinsam Zusammenhänge verstehen und Einsichten erzielen. Sind die beiden Rollen klar, kann geschaut werden, in welchem Kontext welche Rolle passend ist, und erst danach kann ein Mensch diese Rolle im klassischen Sinne formaler Führung ausfüllen. Zwingende Voraussetzung ist, dass die Bedingungen (Struktur und mentale Modelle der Organisation) dies auch hergeben. Sonst können Sie noch so visionäre Menschen engagieren, es wird nichts nützen und diejenigen mit Weitblick und Lust auf Visionen gehen wieder.

Führung ist ...

... Selbstorganisation zulassen. Und Selbstorganisation braucht Führung.

Sollten Sie bei »Selbstorganisation« spontan an Anarchie und Chaos denken, dann befinden Sie sich zwar in bester Gesellschaft, haben aber eher die Idee von einem System, das sich selbst überlassen wird, im Sinn. Das meine ich natürlich nicht. Dieses häufige Missverständnis resultiert, so glaube ich, aus dem Gedanken, in einer stringent hierarchischen Organisation auf einmal alle Leitplanken zu entfernen und den Menschen »Macht mal selbst« zuzurufen. Das würde ganz sicher im Chaos enden, weil wir in den meisten Unternehmen längst verlernt haben, selbstorganisiert zusammenzuwirken. Jedes Team, jede Organisation ist ein soziales System und damit selbstorganisiert. Es ist also eine grundlegende Eigenschaft dieser komplexen Systeme und nichts künstlich Erzeugtes. Wird heute im Zusammenhang mit Agilität davon gesprochen, wird meistens bloß Selbststeuerung oder Selbstmanagement gemeint. Selbstorganisation ist also immer existent, kann aber durch überbordende Bürokratie und Kontrollstrukturen gestutzt und behindert werden. Oder sie wird zugelassen und genutzt, um Vielfalt, Kreativität und Sinnstiftung zuzulassen.

Führung im Sinne der Selbstorganisation bedeutet:

- ◆ Komplexität aushalten
- ◆ Komplexität durch Vernetzung von Bereichen, Teams, Externen, Mitarbeitenden etc. erhöhen
- ◆ Eine Umgebung schaffen, in der die Menschen erfolgreich auf ein gemeinsames Ziel hinarbeiten können
- ◆ Durch Beobachtung des Systems Zusammenhänge verstehen, Muster erkennen
- ◆ Intervenieren, um Resonanz zu erzeugen und Veränderung zu bewirken
- ◆ Feedback (siehe Kapitel »Starrsinn«) als Regelungsinstrument nutzen

- Kollektive Intuition und Intelligenz zur Entscheidungsfindung nutzen
- Wenige, aber glasklare Prinzipien, um das Wie der Zusammenarbeit zu bestimmen
- Disziplin zur Einhaltung der Prinzipien

So wie ich hier die wesentlichen Aspekte formuliert habe, steht dahinter immer noch die Idee des einen Menschen mit formaler Führungsposition. Selbstorganisation braucht diese Position nicht notwendigerweise. Führung ist ein Konzept und muss nicht an eine Person oder formale Rolle gebunden sein. Ein Team kann selbstorganisiert sehr stringent und erfolgreich Ziele erreichen, muss dafür jedoch als Gruppe das Konzept beherrschen. Das bedeutet, dass alle auf das gemeinsame Ziel eingeschworen sind, sie gemeinsam Wirkzusammenhänge betrachten, dass Entscheidungsinstrumente verabredet sind, dass die Teammitglieder Instabilität aushalten wollen und die Diversität in Meinungen, Sichtweisen und Vorstellungen handhaben können. Damit das gelingt, braucht es Zeit und ein intensives Kennenlernen. Dann ist Führung in einem sozialen System auch immer vorhanden, wandert aber zwischen den Beteiligten in Abhängigkeit von der Aufgabe, dem Wissen, den Verabredungen und so weiter.

Was können Sie aushalten an weniger Kontrolle, weniger Berichtswesen, weniger Entscheidungshoheit ...?

Denken wir nun an klassische Unternehmen, die eventuell verteilt über mehrere Standorte weltweit agieren und deren Mitarbeitende sich persönlich zum Teil nie begegnen. Da endet das vollständige Zulassen von Selbstorganisation schnell in Chaos und Konflikt. Und da auch Konfliktlösung nicht zu den Stärken unserer überorganisierten Unternehmen zählt, läuft es dann schnell auf den Ruf nach einem Führenden hinaus. Und dann heißt es oft »Versuch der Selbstorganisation gescheitert, ist nichts für uns«. Damit das nicht geschieht, sollte das Zulassen der Selbstorganisation in verkraftbaren Portionen geschehen. Dass es hierfür keine Blaupause gibt, ist offensichtlich, weshalb meine Empfehlung vage bleibt. Ein bisschen mehr Entscheidungsspielraum an die Mitarbeitenden geben wird nicht reichen, weshalb die erste Frage an Sie selbst geht: Was können Sie aushalten an weniger Kontrolle, weniger Berichtswesen, weniger Entscheidungshoheit, mehr Unterschiedlichkeit und mehr Unsicherheit? Und kann alles, was Sie als Führungskraft können, auch Ihr Team? Wenn Sie beginnen, dies für sich allein und mit den Mitarbeitenden und weiteren Beteiligten gemeinsam zu reflektieren, haben Sie einen Anfang.

Das »passende« Bild vom Menschen

Ach, was wäre das schön einfach, wenn ich bloß hier zu schreiben bräuchte, mit welchem Menschenbild Sie ab heute Ihre Mitarbeitenden und Ihre Kollegen betrachten. Aber darum geht es gar nicht, sondern um die Reflexion Ihres aktuellen Menschenbildes. Denn das, was Sie über das Wesen des Menschen glauben, beeinflusst maßgeblich Ihr Denken und Handeln. Die Arbeits- und Organisationspsychologie unterscheidet fünf verschiedene Menschenbilder, die jeweils einer bestimmten Zeit entsprechen und sich im Verlauf weiterentwickelt haben.

Homo oeconomicus (Beginn 20. Jahrhundert)	• Verantwortungsscheu • Braucht monetäre Anreize • Sucht seinen eigenen Nutzen zu maximieren ➡ **Organisationsstruktur: Zentral**
Social Man (seit den 1930er-Jahren)	• Menschlicher Kontakt ist wichtig für die Motivation zur Arbeit • Will Entscheidungen treffen • Braucht Kommunikation mit anderen für die Zufriedenheit ➡ **Organisationsstruktur: Zentral**
Self-actualising Man (seit den 1950er-Jahren)	• Kann und will sich weiterentwickeln • Strebt nach Selbstverwirklichung ➡ **Organisationsstruktur: Dezentral**

Complex Man (seit den 1970er-Jahren)	• Bedürfnisse sind von Mensch zu Mensch verschieden und entwickeln sich • Motive können rollenabhängig verschieden sein ➡ **Organisationsstruktur: Dezentral**
Virtual Man (seit den 1990er-Jahren)	• Passt sich an neue Technologien an • Flexibel • Starke Neigung zur Kooperation ➡ **Organisationsstruktur: Dezentral, virtuell in Netzwerken**

Frage ich Menschen in Führungspositionen nach ihrem Menschenbild, dann ist die Antwort oft eine Mischung aus Homo oeconomicus, Social Man und Complex Man. Für die Art zu führen ist das natürlich von entscheidender Bedeutung, denn Sie behandeln Ihre Mitarbeitenden je nach Ihrer Annahme, wie die Mitarbeitenden sind, anders.

Ein Augenmerk muss zudem auf der formalen Organisationsstruktur liegen. Und da sind viele Geschäftsführer und Vorstände gedanklich noch nicht in der Jetztzeit angekommen. Der Glaube an Zentralisierung oder bestenfalls flache Hierarchien ist nach wie vor verbreitet. Das ist eine Frage der Strukturen, damit aber die Basis und der Rahmen für Führung in einer Organisation. Dem Thema widme ich mich im Kapitel »Verknöcherte Organisationsstruktur«. An dieser Stelle animiere ich Sie, mit einem Blick auf die gängigen Menschenbilder Ihr eigenes zu reflektieren und so Ihre Idee von Führung zu überprüfen.

Wirkung

Helden gibt es nur im Märchen

Viele Führungskräfte wissen heute intuitiv,
dass die »alte« Form der Führung nicht in
unsere komplexe Welt passt. Führung in Komplexität
aber taugt nicht zur Heldenrolle, im Gegenteil. Es ist eher eine unterstützende, ermöglichende Rolle, die den Mitarbeitenden dabei
hilft, erfolgreich sein zu können. Die Haltung, die damit einhergeht,
ist demütig, denn sie erkennt an, dass soziale Systeme nicht steuerbar sind und es nicht die eigene Großartigkeit ist, die tolle Lösungen
und Ideen findet. Alles, was passiert, ist Kommunikation und Teamleistung. Was der kurzzeitige Schmerz für das eigene Ego einerseits,
ist die Befreiung aus dem Command-and-Control-Korsett auf der
anderen Seite. Die Veränderung von Führung bedeutet, tradierte
Haltungen und Verhaltensweisen abzulegen. Das schafft Freiräume.

Mehr Zeit für Relevantes

Die Zeit, die bisher für die Suche nach *dem* Führungsstil oder für
Workshops zum Führungsleitbild draufging, können Sie nun in
die Systembeobachtung, den Diskurs mit Ihren Mitarbeitenden zur
Auswahl passender Interventionen oder zur Lösung konkreter Kundenprobleme, also Wertschöpfung, nutzen. Sie haben mehr Zeit für
konkrete Führung, weil Sie nicht mehr über mögliche Führung diskutieren.

Mitarbeitende wie Erwachsene behandeln

Wer Teams und Organisationen als soziale Systeme akzeptiert, behandelt die Mitarbeitenden nicht wie Kinder, bei denen man besser
laufend kontrolliert, ob sie auch das tun, was sie sollen. Es ist eigentlich unnötig, zu erwähnen, welche Möglichkeiten das für die einzelnen Menschen und damit das Unternehmen freisetzt. Erwachsene

handeln eigenverantwortlich, bringen sich ein, wollen an etwas Erfolgreichem beteiligt sein. Behandeln Sie Ihre Mitarbeitenden wie leistungswillige, intelligente und verantwortungsvolle Menschen, werden Sie das entsprechende Verhalten bekommen. Glauben Sie nicht? Überprüfen Sie bitte noch mal Ihr Menschenbild.

Starrsinn – ein Paradoxon

Lamentieren statt verstehen

Starrsinn? Ist das eigentlich eine Krankheit, fragen Sie sich eventuell gerade. Die Frage ist berechtigt, denn Starrsinn ist eine Geisteshaltung. »Unbeweglich«, »stur« und »beharrlich« sind Attribute, die wir jemandem zuschreiben, der gerne so bleibt, wie er ist. Wir sind also beim Thema Veränderung – und den vielen sturen Sichtweisen und Missverständnissen, die dann krankhafte Muster in unseren Organisationen erzeugen. Aber der Reihe nach. Zum Einstieg könnte ich jetzt über die immer kürzeren Veränderungszyklen, die vielen Change-Prozesse und den steten Wandel schreiben, aber das dürfte auch Ihnen mittlerweile aus den Ohren quellen. Wir halten einfach fest: Veränderungen finden permanent statt.

»Wie laufen in Ihrem Unternehmen Change-Prozesse beziehungsweise -Projekte?« Sehr gerne würde ich jetzt Ihre Antwort auf diese Frage hören. Aber vielleicht kenne ich sie ja schon, wenn Aussagen wie »Die Mitarbeiter sperren sich« oder »Die Mitarbeiter wollen, dass alles beim Alten bleibt« darin vorkommen. Veränderungen, Change oder wie immer Sie es auch nennen, ist das Dauerthema Nummer 1, gleichauf mit Führung und Kommunikation. Und so wird fleißig geforscht, erhoben, beraten, geschrieben und gecoacht, damit das eigene Projekt nicht zu den 70 Prozent zählt, die angeblich immer scheitern.

Der Verdacht liegt nahe, dass diese ewigen 70 Prozent das Ergebnis von Studien genau der Beratungshäuser sind, die mit eben jener Change-Management-Beratung ihr Geld verdienen.

Das Scheitern von Veränderung wird gern auf den Widerstand der Mitarbeitenden geschoben

Egal, denn es geht dabei immer um eine mechanistische Sicht auf Veränderungen, die als Projekt umgesetzt werden sollen. Da finde ich persönlich, so es denn stimmt, eine Erfolgsrate von

30 Prozent schon sehr hoch. Denn das sind alles Change-Projekte, die zufällig trotz undifferenzierter Methoden und Annahmen erfolgreich sind. Mitgeliefert wird ebenfalls recht stereotyp, welche Gründe denn zum Scheitern geführt haben. Auf Rang 1 liegt unangefochten der Widerstand der Mitarbeitenden, gefolgt vom Zurückfallen in alte Muster. Das wirklich Schlimme an dieser unbewiesenen plakativen Aussage ist, dass mehr Menschen (vor allem Führungskräfte) dazu bejahend nicken, als energisch mit dem Kopf schütteln.

So wird seit Jahren immer weiter nach Ursachen für diesen anscheinend sehr menschlichen Veränderungswiderstand gesucht. Unzählige Artikel wurden verfasst, die allesamt mit der Unterstellung arbeiten, dass Mitarbeitende Veränderungen auf jeden Fall ablehnen. Einige Highlights habe ich für Sie im Folgenden zusammengestellt:

- »Die Mitarbeiter verstehen den Nutzen der Veränderung nicht …«
- »Die Mitarbeiter wollen ihre Eigeninteressen durchsetzen.«
- »Je älter Mitarbeiter sind, desto weniger haben sie Lust auf Veränderung.«
- »Widerstand ist wünschenswert, weil er zumindest Interesse oder Betroffenheit der Beteiligten zeigt.«
- »Die Älteren nehmen es hin, nicht gefragt zu werden. Die Jungen wollen mitgestalten.«
- »Widerstand in Veränderungsprozessen muss integraler Bestandteil des Veränderungskonzeptes sein.«

Ich brauche sicher nicht explizit zu erwähnen, dass in diesen Veröffentlichungen die Führungskräfte nicht gemeint sind. Die scheinen davon unbehelligt, also vom Widerstand und den Zuschreibungen. Mit diesen Glaubenssätzen im Gepäck gehen viele Organisationen Veränderungen an. Sie glauben an die widerspenstigen Mitarbeitenden, schaffen entsprechende Strukturen und passen von Beginn an ihre Kommunikation und Wortwahl daran an. Auf Dauer schaffen sie so eine sich selbst erfüllende Prophezeiung. Zeigt sich dann irgendwo ein Verhalten, das sich auch nur im Entferntesten als Widerstand deuten lässt, werden die Glaubenssätze bestätigt und gefestigt. Und dann nicken die Führungskräfte bejahend, weil sie sich an eine Situation erinnern, in der ein Mitarbeiter oder eine Mitarbeiterin Bedenken oder Unwillen geäußert hat.

Menschen sind Gewohnheitstiere und geben ungern Routinen auf, ist ein Hauptargument, das mir als Erklärungsversuch immer wieder begegnet. Auch das ist eine pauschale, undifferenzierte Zuschreibung. Genau betrachtet hieße das ja, Führungskräfte wären pauschal für Veränderungen immer zu haben, der größte Teil der übrigen Mitarbeitenden aber eben nicht. Und jeder Change richtete sich demnach gegen geliebte Routinen. Auch erfahrene Führungskräfte und Manager versuchen mitunter, mir ihre Überzeugung als Wissen zu verkaufen. »Das ist so, Frau Borgert. Mit unseren Mitarbeitern geht das nicht, die wollen keine Veränderung. Die wollen lieber beim Alten bleiben.« Diese Sichtweise wird nicht mehr hinterfragt und genau das ist der eigentliche Starrsinn.

Beobachte ich, wie Veränderungen in Unternehmen angestoßen und umgesetzt werden, dann ist offensichtlich, dass sie im oberen Management beschlossen und »nach unten« zur Ausführung als Projekt gereicht werden. Im Klartext: Der Großteil der Mitarbeitenden ist nicht involviert in die Entscheidungsfindung, sondern bekommt lediglich die Ergebnisse serviert. Mitgeliefert wird zudem die unterschwellige (manchmal auch offene) Unterstellung, dass die »Betroffenen erst zu Beteiligten« gemacht werden müssen. Wie viel Lust macht das auf die anstehende Veränderung? Wenig, genau. Das Problem liegt nicht in den Mitarbeitenden, es liegt in der Idee von Veränderung, die sich seit vielen Jahren in den Unternehmen festgesetzt hat, und in der Art, wie Veränderung angegangen wird. So gehandhabt, ergibt sich leicht eine sich selbst erfüllende Prophezeiung, und man überlegt bei jedem Veränderungsprozess von Neuem, wie man die Mitarbeitenden dazu bringt, den Anfang zu machen und aus dem Teufelskreis auszusteigen.

Mythos: Veränderung findet in Phasen statt

In zwei Punkten sind sich beinah alle Change-Berater und -Beraterinnen, Geschäftsführende und Führungskräfte einig: Veränderung bedeutet immer Widerstand und sie verläuft in Phasen. Über die Anzahl der Phasen lässt sich wohl noch diskutieren, in Abhängigkeit vom Modell, an das man glaubt. Diese Punkte nicht mehr infrage zu stellen, sondern nur den »richtigen« Umgang mit ihnen zu diskutieren, ist eine Ausprägung von Starrsinn.

Schaut man beispielsweise auf das 3-Phasen-Modell von Kurt Lewin, dann gibt es bei jeder Veränderung die Schritte »Unfreezing« (Auftauen), »Move« (Bewegen) und »Refreezing« (Einfrieren). Auch dieses Modell geht wieder von Gestaltenden und Betroffenen aus. Mitarbeitende sollen einbezogen, geschult und angeleitet werden. Partizipation? Fehlanzeige. Das ist allerdings nicht dem Modell oder Kurt Lewin vorzuwerfen, denn dieses Konzept stammt aus einer völlig anderen Zeit, den 1940er-Jahren nämlich. Nur wird dieses Modell leider noch immer als Allheilmittel für Change-Prozesse gelehrt und eins zu eins übertragen.

Die Forderung nach weniger Veränderungsprozessen und ruhigen Zeiten ist in vielen Unternehmen allgegenwärtig, nur leider Quatsch. Es braucht stabile Aspekte in der Zusammenarbeit und beständige Orientierungspunkte, aber doch bitte keinen Stillstand. Auch hier wird die Debatte oft dual geführt. »Panta rhei« versus Stillstand. In unserer vernetzten, dynamischen Arbeitswelt existieren Veränderung, Überraschung, Orientierung und Verlässlichkeit gleichzeitig. Das ist eine Eigenschaft der von uns geschaffenen Welt, mit der wir umgehen müssen. Dazu brauchen wir Modelle, das ist klar. Die aber sollten passend sein für den jeweiligen Kontext, in dem sie verwendet werden. Die meisten bleiben in der Gedankenwelt von Bestimmenden und Betroffenen, unterstellen zentrale Steuerung von sozialen Systemen als möglich und werden rezeptartig angewendet.

Weit verbreitet ist das Vorgehen nach dem Leading-Change-Ansatz von John P. Kotter (2011). Nach diesem Ansatz, der weniger ein

Phasenmodell als eine konkrete Anleitung ist, sind es acht Schritte, die zur erfolgreichen Veränderung gehören.

1. Dringlichkeit aufzeigen
2. Führungskoalition aufbauen
3. Vision und Strategie entwickeln
4. Vision kommunizieren
5. Hindernisse aus dem Weg räumen
6. Kurzfristige Erfolge sichtbar machen
7. Ableitung weiterer Veränderungen
8. Veränderung in der Kultur verankern

Kotter selbst bezeichnet sein Modell als allgemeingültig, bezieht es in seinen Büchern und Veröffentlichungen aber auf große Unternehmen, die aus einer gewissen Starre geholt werden sollen. Er empfiehlt, die einzelnen Schritte in genau der vorgegebenen Reihenfolge durchzuführen.

Bei meinen Kunden erlebe ich Existenzkrisen genauso wie die Notwendigkeit langfristiger IT-Umstellungen oder die generelle Zukunftsausrichtung unter Berücksichtigung des Marktes. Da zeigt sich schnell, dass ein Modell nicht für alle diese Vorhaben passen kann und die sklavische Abarbeitung Unfug ist. Steckt ein Unternehmen in einer Krise, dann wissen die Menschen um die Dringlichkeit. Das braucht niemand mehr wohlformuliert auf Folien zu bannen und zu verteilen. Bei Vorhaben, die aufgrund von neuen Gesetzen einfach notwendig sind, ist es eher lächerlich, krampfhaft nach einer Vision zu suchen. Zudem wird auch bei diesem Modell, zumindest wie es in der Alltagspraxis verwendet wird, unterstellt, dass Menschen Veränderung grundsätzlich nicht mögen und dass die Gestaltenden einen guten Weg finden müssen, um die Verweigerer mitzunehmen. Es lebe die Hartnäckigkeit selbst unbewiesener und unsinniger Glaubenssätze …

Als besonders humorvoll erlebe ich die Verwendung der wohl populärsten Sicht auf Veränderung, die dann auch gleich zum Modell erhoben wird. Das Phasenmodell nach Elisabeth Kübler-Ross (2006) wird beliebig ergänzt, erweitert und für die Welt der Change-Vorhaben umgedeutet – denn eigentlich beschreibt Kübler-Ross fünf Phasen, die Sterbende und Trauernde durchleben, bis sie den Tod als bevorstehendes Ereignis akzeptieren.

1. **Leugnen**
   Nicht wahrhaben wollen und auf einen Fehler oder Ähnliches hoffen
2. **Zorn**
   Wut und auch Neid auf die Weiterlebenden
3. **Verhandeln**
   Eine Phase mit oft kindlichem Verhalten, Hoffen auf ein Wunder
4. **Depression**
   Reue, Verzweiflung und die Frage »Was hätte ich anders machen können?«
5. **Akzeptanz**
   Eine emotionslose Phase, in der die Menschen Schmerz, Wut und Hoffnung hinter sich gelassen haben

Die allermeisten Veränderungsvorhaben sind sicher nicht mit Sterben oder Trauer vergleichbar, was den Einsatz dieses Modells in der großen Mehrzahl der Fälle absurd macht. Dennoch hier drei konkrete Kritikpunkte: Erstens ist auch in der Nutzung wieder unterstellt, dass die Mitarbeitenden in der Rolle der Trauernden sind und von den vordenkenden Gestaltern »gerettet« werden. Die Mitarbeitenden werden zu hilfsbedürftigen Verweigerern degradiert und dann meist nicht mehr wie erwachsene Menschen behandelt. Was zweitens die Phase der Akzeptanz angeht, so wollen wir doch nicht wirklich, dass die Menschen emotionslos hinnehmen, was jetzt Tatsache ist, oder? Und drittens sind Unternehmen soziale Systeme und mehr als die Summe der einzelnen Menschen. Ein grundlegender Denkfehler liegt hier – mal wieder – in der Fokussierung auf den Einzelnen. Soziale Systeme sind überindividuell und außerdem reagiert nicht jeder Mensch auf Veränderung identisch. Die Sichtweise hinter der Verwendung dieses und auch der anderen Modelle ist unsystemisch und rein linear. Recherchiert man zum Stichpunkt Change-Kurve, dann finden sich beliebig viele Varianten, die alle

Kübler-Ross als Grundlage ausweisen. Einige Berater und Beraterinnen haben noch Phasen ergänzt, sodass nach der Akzeptanz noch so etwas wie Problemlösen oder Ausprobieren folgt. Auch das hat viel Humor, bleibt aber im alten Denkrahmen und ist ein Zeichen für akuten Starrsinn. Und so hält sich das alte Verständnis von Veränderung so zäh wie die Idee, dass Spinat besonders viel Eisen enthält, der Mensch zwei Liter Wasser am Tag braucht oder Lesen bei schlechtem Licht die Augen verdirbt. Es kommt eben darauf an, was man glaubt.

Von all diesen Ansätzen gibt es beliebig viele Varianten und beliebig sind sie in der Tat. Erst in der Retrospektive lässt sich, wenn überhaupt, aussagen, welche Phasen wann und wie stattfanden. Und warum überhaupt wollen wir Veränderung in Phasen verstehen? Ist es die vermeintliche Sicherheit, die über klare Handlungsanweisungen entsteht? Das ist nachvollziehbar, aber trügerisch. Denn die Arbeit mit diesen Modellen ist immer Projektion in die Zukunft. »Wir werden durch ein Tal müssen und uns vorbereiten« oder »Am Ende stehen Einsicht und Zufriedenheit«. Eine Veränderung ist immer dann nötig, wenn ein Problem gelöst werden muss, richtig? Das Problem existiert jetzt und hier in der Gegenwart. Um es zu lösen, braucht es Entscheidungen und Verabredungen jetzt und hier. Und dann müssen diese in die Praxis umgesetzt werden, um das neue Verhalten, Denken oder um was auch immer es sich dreht, dauerhaft zu festigen. In vielen Organisationen kommt dann irgendwann die Diskussion über die »richtige« Kultur hoch, in deren Zuge dann große Programme aufgesetzt werden.

Alles eine Frage der »richtigen« Kultur?

Sie wird seit Jahren viel und intensiv diskutiert. Dabei nennt man sie Hürde oder auch Erfolgsfaktor, mal steht sie der Veränderung im Weg, mal ist sie der Gegenstand der Veränderung selbst. Angeblich kann sie richtig, aber auch falsch sein. Die Rede ist von der Unternehmens- beziehungsweise Organisationskultur. Es gibt sie ja schon immer, aber spätestens mit dem Hype der Digitalisierung hat auch das kleinste Unternehmen begonnen, sich zu fragen, ob denn die hauseigene Kultur wohl erfolgsfördernd sei. Dabei ist schon die Frage so abstrus wie die Idee, mit dem täglichen Apfel innere Schönheit zu fördern.

Liest man die vielen Abhandlungen zum Thema Kulturwandel oder die Anpreisungen der Kulturberater, dann kann man meinen, die Kultur sei ein Wesen. Und dieses Wesen tut etwas, zum Beispiel »stiftet es Sinn und motiviert« oder »entwickelt sich neu« oder »schafft Freiräume und Innovation« oder, oder, oder. Es folgt sogleich der Versuch pfiffiger Unternehmensberater und -beraterinnen, das alles messbar, beschreibbar und vorhersagbar zu machen. Das dazugehörige Vorgehen spricht von Ist-Analysen, festzulegender Soll-Kultur und Verankerung. Auch Kultur wird gerne in einem Projektkontext gedacht, weshalb auch gleich die entsprechenden Organe ausgerufen werden, denn Kulturwandel braucht Steering Committee, Sounding Board und Change-Community. Dann ist die Buzzword-Bingo-Karte auch schon fast voll. Fehlt nur noch das Ausrollen der Core Values, die nach zwei Jahren immer noch nicht überall angekommen sind. Abschließend dann noch der Ausruf, dass die Digitalisierung ohne Kulturwandel schlichtweg nicht möglich sei. Gut, dass gleich die passenden Checklisten angeboten werden. Leider enthalten die nicht mehr als die altbekannten Allgemeinplätze wie das notwendige Commitment der Geschäftsleitung, das Setzen guter Ziele, das Etablieren von Change Agents, Umgang mit Widerständen, Strategieentwicklung und Kommunikation mit dem Betroffenen. Das alles muss ein Unternehmen, das etwas auf sich hält, nun angehen: für eine Führungskultur, Vertrauenskultur, Feedbackkultur, Fehlerkultur, Meetingkultur, Innovationskultur, Kommunikationskultur, Projektkultur, E-Mail-Kultur, Gesprächskultur, Managementkultur und all die anderen.

Dabei werden zurzeit die Mitarbeitenden wiederentdeckt oder sogar in den Mittelpunkt gerückt. Denn sie müssen nun befähigt werden, Entscheidungen zu treffen und sich zu beteiligen. Ach, konnten die das vorher nicht? Dann wurde bei der Auswahl derselbigen aber wohl danebengegriffen.

Es geht aber noch kleinteiliger, denn mitunter werden spezifische Kulturelemente zum heiligen Gral erhoben. Da ist es beispielsweise das Vertrauen, das das Tempo steigert oder Unternehmen kreativ macht. Was für ein Geschwätz und was für ein Getöse um die Kultur, die sich der Idee von direkter Gestaltung vollständig entzieht. Was ließe sich mit der Zeit, die in Organisationen mit Kulturworkshops verdaddelt wird, Sinnvolles anfangen?

Viele große Unternehmen haben entsprechende Programme gestartet. Bei Daimler beispielsweise heißt es Leadership 2020. Erklärtes Ziel ist eine neue Führungskultur, die Maßnahmen dazu beispielsweise eine App, die Feedback über Hierarchieebenen hinweg ermöglicht. Auch kann man bei Daimler nun eine Fachkarriere anstreben, der Bürokratieabbau wird vorangetrieben und 20 Prozent der Mitarbeitenden arbeiten agil. Der Denkfehler liegt schon im Fundament, denn worauf man hinauswill, ist eine bestimmte Führungskultur, die einige Menschen im oberen Management für die richtige halten. Nun wird also das Unternehmen darauf getrimmt. Erfolgsaussichten? Nicht so besonders.

Die Deutsche Bank hat bereits vor vielen Jahren die »wichtigsten« Werte identifiziert und auf Würfel drucken lassen. Integrität, nachhaltige Leistung, Kundenorientierung, Innovation, Disziplin und Partnerschaft wollte man so in das Unternehmen und in die Köpfe bringen.

Ob VW, Siemens oder Adidas, sie alle haben schon versucht, in einem mehr oder weniger großen Projekt ihre Kultur direkt zu gestalten. Da waren Skandale oder Krisen die Auslöser, es musste »etwas getan werden«. Die eigene Kultur bietet sich da geradezu an. Sie ist so schön ungreifbar, unkonkret und ein Stück weit weg. Erlauben Sie mir einen Vergleich: Das ist in etwa so wie mit akut gesundheitsgefährdendem Übergewicht. Klar ist es nicht verkehrt, Bücher über Ernährungsstile, Proteine und Nährstoffe zu lesen und vielleicht sogar daraus eine persönliche Essensleitlinie zu entwickeln, aber ich muss vor allem erst mal aufhören, täglich vier Stück Torte mit zwei Litern Fanta runterzuspülen, nachdem ich die XXL-Pizza verschlungen habe. Kulturgestaltung ist Beschäftigung mit einer möglichen Zukunft. Die zu lösenden Probleme fordern Handeln im Hier und Jetzt. Das bedeutet unter den aktuellen Rahmenbedingungen, also der bestehenden Unternehmenskultur, die passenden Maßnahmen zu finden und umzusetzen.

Kultur und Veränderung teilen in den meisten Unternehmen dasselbe Schicksal. Sie werden beide nicht verstanden und fortlaufend in Modelle gezwängt. Dabei, und das mag Ihnen möglicherweise paradox erscheinen, sind Kultur, Veränderung und auch die Mitarbeitenden völlig gesund, wenn sie sich nicht mal eben und einfach so gestalten, korrigieren und verändern lassen.

Salutogenese

All das, was Sie möglicherweise als Widerstand und Veränderungsunfähigkeit erleben, ist gesundes Verhalten – systemisch betrachtet. Das gilt für die einzelnen Menschen genauso wie für Organisationen und Unternehmen. Deshalb finden Sie in diesem Abschnitt keine Krankheitsursachen, sondern Faktoren und Eigenschaften, die der Gesunderhaltung dienen, aber leider noch oft missverstanden werden.

Systeme sind konservativ

Zur Erläuterung von komplexen Systemen, wie auch Organisationen es sind, verwende ich gerne die Metapher des menschlichen Organismus. Hinsichtlich ihrer wesentlichen Eigenschaften sind sie gut vergleichbar und jeder von uns hat einen Körper und eigene Erfahrungen damit. Als Organismus sind wir Menschen ein Meisterwerk der komplexen Systeme, hochgradig vernetzt und darauf ausgelegt, am Leben zu bleiben.

Allein für diese Grundfunktion muss der Körper einiges tun und viel Energie aufbringen. Dazu gibt es kleine Kraftwerke, Mitochondrien genannt, die Nährstoffe in Energie umwandeln. Die beim Stoffwechsel in den Körperzellen gewonnene Energie wird von den Körperprozessen genutzt. Zu jedem Zeitpunkt ist Ihre Lunge damit beschäftigt, Sauerstoff aufzunehmen, ihn ins Blut zu transportieren und Kohlendioxid abzugeben. Und das ist eine sehr grobe Skizze der Lungenfunktion. Alle anderen Organe erbringen ebenfalls fortlaufend Höchstleistungen, und zwar in Kooperation miteinander. Sämtliche Funktionen, Akteure und Wechselwirkungen, die mit jedem Herzschlag ablaufen, beschreiben zu wollen, würde zig Bücher füllen. Und selbst damit wären sie linear betrachtet, weil sie in eine Reihenfolge gezwangt würden, die dem Körper eigentlich nicht gerecht wird.

Das Leben allein braucht schon jede Menge Energie und ist ein stetiger aktiver Prozess. Noch meisterlicher wird es, sobald Aktivität oder Einfluss von außen dazukommen. Wussten Sie, dass Sie beim Niesen aufhören zu leben? Für einen kurzen Moment steht alles im Körper still, sogar der Herzschlag setzt aus. Glücklicherweise ist das kein dauerhaftes Ende, es gibt jedoch keine zentrale Steuerungseinheit, die das regelt oder koordiniert. Oder denken Sie an die Mechanismen des Immunsystems bei Virenkontakt, an die Verarbeitung von zu viel Alkohol, die Blutgerinnung, die Wundheilung – es gibt so viele Prozesse, Systeme, Regler, Messpunkte, Wechselwirkungen, die ich hier noch beschreiben könnte. Es liefe immer wieder darauf hinaus, dass unser Organismus dafür sorgt, dass wir leben und am Leben bleiben. Und es sind interne Prozesse, die wenigsten davon äußerlich sichtbar, welche das Leben sicherstellen.

Organisationen sind autopoietische Systeme – sie erhalten sich selbst

Dabei entzieht sich Ihr Körper, wie gesagt, einer zentralen Steuerung. Oder haben Sie Ihren Nieren und Ihrer Leber die auszuführenden Tätigkeiten vorgegeben und sie mit einer Zielvorgabe motiviert? Sicher nicht, und da sind wir am Punkt der Ähnlichkeit von Organismus und Organisation. Beides sind autopoietische Systeme. Das heißt, die internen Prozesse sind so organisiert, dass sich der Organismus selbst erschafft und erhält. Der Körper ist ein autonomes System, abgegrenzt von seiner Außenwelt, wenn auch in regem Austausch mit ihr. Leben bedeutet: Die Wechselwirkungen und Prozesse finden statt, sie werden fortlaufend reproduziert. Enden die Stoffwechselprozesse, endet das Leben und der Körper zerfällt. In Organisationen existieren die lebenserhaltenden, kreisförmigen Prozesse analog. Sie sorgen dafür, dass sich eine Organisation als Einheit erhält. Und genau wie beim Organismus braucht es Energie für die Aufrechterhaltung der Prozesse. So bleiben, wie wir sind, kostet Aufwand, Kraft und Energie. Es ist ein aktiver Prozess, der stetig stattfindet und den alle mitmachen. Wer aus der Reihe tanzt, wird die Organisation früher oder später verlassen. Auch Hofnarren überdauern nicht ewig.

Für ihren »Erhalt« tut eine Organisation ebenso viel wie unser Organismus. Es werden passende Mitarbeitende ausgewählt, es wird vorgelebt, was geht und in welchem Rahmen Entscheidungen getroffen werden können. Die entsprechenden Rituale machen für alle Beteiligten deutlich, wie die Organisation tickt und wie sie als Mitarbeitende sich zu verhalten haben. So ist sichergestellt, dass die Prozesse reproduzierbar bleiben. Und wo es um »Erhalt« geht, ist auch schnell klar: Das System ist konservativ.

Das bedeutet im Hinblick auf Veränderungen, dass jede Organisation Veränderungswünsche bestens absorbieren kann. Besitzt die Veränderungsidee keine Relevanz für das System, gleitet sie an diesem ab wie an einer Teflonbeschichtung. Führungskräfte, die neu in eine Abteilung kommen, beginnen oft damit, »ein paar Pflöcke einzurammen« und »frischen Wind in den Laden zu bringen«. Die Ernüchterung folgt nach kurzer Zeit und die guten Absichten versickern.

Statt dann ihr Augenmerk auf die Muster in der Organisation zu richten und zu betrachten, was ihre Änderungsideen für das bisherige Zusammenwirken bedeuten, schieben sie ihr Scheitern oft auf die sturen Mitarbeitenden. Da liegt jedoch ein fataler Denkfehler. Erhaltungstrieb, Konservativismus oder Sturheit, nennen Sie es, wie Sie mögen, ist ein gesunder Mechanismus eines jeden sozialen Systems. Deshalb ist es sinnvoll, eine Organisation zu beobachten, ihre Strukturen und Prozesse zu verstehen, bevor Veränderungen in Angriff genommen werden. Wenn Sie also Veränderungen initiieren möchten, machen Sie sich zuerst klar, dass Sie es mit einem vergangenheitsorientierten, konservativen System zu tun haben. Auch wenn die Ergebnisse oder Auswirkungen Ihnen nicht gefallen, ist das System erst mal so, wie es ist.

Menschen haben einen Sinn für Unsinn

»Menschen mögen Gewohnheiten und wollen diese nicht aufgeben.« Das ist *das* Argument, mit dem Führungskräfte, Beratende, Geschäftsführende und vor allen Dingen Fachleute für Change-Management immer wieder »erklären«, warum Menschen sich grundsätzlich nicht verändern mögen. Das ist natürlich eine wunderbar triviale, monokausale und damit einfache Entschuldigung, auch selbst nicht mehr weiter beobachten oder nachdenken zu müssen. Schuldige identifiziert, Problem erkannt, weiter wie bisher.

Ja, Menschen mögen Gewohnheiten, das kann ich aus eigener Erfahrung bestätigen. Wir sprechen doch aber über Veränderungen im Arbeitskontext, und die betreffen wohl kaum gleich immer die persönlichen Gewohnheiten der Menschen. Zudem müssten die dann die gleichen Gewohnheiten haben, wo bliebe da der Individualismus? Und außerdem sind auch Führungskräfte & Co. Menschen mit Gewohnheiten, was ist denn damit? Genug gemeckert, lenken wir den Blick wieder auf das System.

Selbstverständlich gibt es in Unternehmen Routinen. Der wichtige Aspekt hierbei ist, dass diese Routinen kontextabhängig sind. Es geht darum, die passenden Bedingungen zu schaffen, um jeweils ein bestimmtes Verhalten zu provozieren. Das klingt nach Manipulation? Ja, sicher. Rahmenbedingungen zu gestalten, damit bestimmte Verhaltens- und Kommunikationsmuster entstehen, ist genauso manipulativ, wie Mitarbeitende mitzunehmen, einzufangen oder aufzugleisen. Sollten Sie feststellen, dass in Ihrer Organisation so viele Routinen existieren, dass die Mitarbeitenden im Modus Autopilot funktionieren, stimmt mit Ihrer Organisation etwas nicht. Die Mitarbeitenden sind aber wahrscheinlich bei bester Gesundheit. Wir Menschen passen uns an Rollen, an die Organisation und deren Abläufe an. Wir wachsen in die Kultur hinein und gewöhnen uns an sie. Das ist gut und energiesparend.

Routinen haben gleichzeitig auch eine Kehrseite, sie schränken unsere Wahrnehmung ein, denn es ist ja alles klar und wird nicht mehr bewusst betrachtet. Auf Dauer machen sie, wenn sie unreflektiert und ungestört bleiben, eine Organisation träge und unflexibel. Genau, denken Sie eventuell gerade, deshalb

Bleibt der Kontext gleich, ist Verhaltensänderung schwer bis unmöglich

muss es ja Organisationsveränderungen geben. Ja, und nun folgt der Haken an der Geschichte: Bleibt der Kontext gleich, ist Verhaltensänderung schwer bis unmöglich. In vielen Unternehmen wird seit einiger Zeit von den Mitarbeitenden beispielsweise mehr Eigenverantwortung gefordert, aber ohne dass sich der Kontext ändert. Der oder die Vorgesetzte kontrolliert weiterhin detailliert, die Organisation duldet keine Fehler, und belohnt wird die Führungskraft und nicht das Team. Die Mitarbeitenden werden trotz Aufforderung nicht eigenverantwortlicher und lassen sich weiterhin alles Mögliche absegnen. Sie werden für veränderungsunwillig erklärt.

Das ist nicht nur kurzsichtig, sondern auch im höchsten Maße unfair. In einem solchen Fall ist die Nichtausführung gesundes Verhalten. Warum sollte jemand etwas tun, was nicht gelingen kann? Und gerade wenn es sich um »Massenverweigerung« handelt, ist das ein Hinweis auf Unsinn. Grundsätzlich unterstelle ich allen Menschen in einem Unternehmen, dass sie eigenverantwortlich, erwachsen und intelligent sind. Wenn sie gegen bestimmt Aspekte eines Veränderungsvorhabens auf die Barrikaden gehen oder durch Passivität ihren Widerstand deutlich machen, haben sie sicher einen guten Grund, und der liegt nicht in ihrer Persönlichkeit, sondern im System.

Der Ablauf, den ich leider noch viel zu häufig beobachte, ist folgender: Eine kleine Gruppe Manager beschließt einen Change, sucht sich eine Agentur zur Kommunikationsunterstützung, stülpt die Veränderung auf die Organisation, fordert von den Mitarbeitenden Verständnis und Funktionieren. Wie viel Spaß entsteht so denn bei Ihnen selbst? Keiner, genau. Das ist Demotivation. Machen Sie das mehrfach, haben Sie irgendwann Ihre Belegschaft darauf trainiert, beim Stichwort »Change« nur noch müde mit den Schultern zu zucken und zu murmeln: »Da wollen wir mal sehen, wie ernst es diesmal gemeint ist.« Wenn Sie es ernst meinen, bedeutet das: Sie schaffen Bedingungen, den entsprechenden Kontext, in dem das Neue (was auch immer das sein mag) stattfinden kann. Ist es Unsinn, was Sie wollen, werden sich die Menschen verweigern, und zwar zu Recht. Nicht wenige Führungskräfte suchen dann die Schuld in der Unternehmenskultur. Aber auch das hilft nicht wirklich.

Kultur entwickelt sich evolutionär

Wenn Sie das Unternehmen wechseln, einem Verein beitreten oder die Familie eines Freundes besuchen, lernen Sie sehr, sehr schnell, wie Sie sich zu verhalten haben, um dazuzugehören. Was dürfen Sie sagen? Wo dürfen Sie sich hinsetzen? Welche Entscheidungen können Sie treffen? Wird offen gesprochen oder weichgespült? Es hat kein Gremium entschieden, dass statt »Problem« nur noch »Herausforderung« gesagt werden darf oder dass Konflikte nicht offen ausgetragen werden. Solche Verhaltens- und Kommunikationsmuster entstehen »einfach so« und nicht aus expliziten Entscheidungen. Kultur entsteht emergent aus dem Zusammenspiel der Beteiligten (Kommunikation und Verhalten), beeinflusst diese und wird gleichzeitig von ihnen beeinflusst.

In sozialen Systemen existiert Kultur als gemeinsame Wertebasis und bindende Regeln, über die Zugehörigkeit und Nichtzugehörigkeit geregelt werden. Um die gemeinsamen Werte auch dauerhaft zu bedienen, werden nur Mitarbeitende eingestellt, die »zum Unternehmen passen«. Es ist immer die Passung auf die Kultur, die wichtig ist. Keine Organisation stellt einen sogenannten Maverick ein, wenn nicht Irritation das erklärte Ziel ist. Passiert es doch mal, löst sich die Zusammenarbeit meist schnell wieder auf. Die Person kündigt von sich aus oder wird »vom System ausgeschieden«.

Dass sich alle an die kulturellen Regeln halten, wird stillschweigend vorausgesetzt, wobei die Kultur nicht bewusst präsent ist. Im Gegenteil, sich seiner Kultur bewusst zu werden, braucht Reflexion oder Vergleich. Organisationen handeln und denken, wie die einzelnen Menschen auch, größtenteils unbewusst und kulturbasiert. Wenn es um den Zweck der Kultur geht, ist die Antwort ausnahmsweise einfach und klar: Sie dient der Autopoiesis, also dem Erhalt. Nicht weniger, aber vor allem auch nicht mehr. Es gibt keine Kultur, die für mehr Umsatz, die besten Mitarbeitenden oder sonst was sorgt. Sie hat keine sachlichen Ziele oder Zwecke. Kultur stiftet Identität. Das Einhalten oder Brechen der Regeln führt zum Dazugehören oder Raussein. Kultur dient zur Abgrenzung gegenüber der Außenwelt.

Das ist auf der Organisationsebene wichtig, ob BVB oder Schalke ist beispielsweise eineindeutig. Gleichzeitig ist das auf der individuellen Ebene mindestens genauso wichtig für die Identitätsbildung. Wir alle gehören zu diversen Systemen, von der Familie über die Firma und den Sportverein bis zur Nationalität. In jedem dieser Systeme gibt es kulturelle Regeln, die festlegen, wer dazugehört. Wir suchen uns den passenden Verein, das passende Unternehmen und so weiter, also Institutionen, die unserer Identität entsprechen. Die ändert sich nicht so ohne Weiteres, deshalb ergibt es Sinn, sich Umgebungen zu suchen, in denen die eigene Identität bestehen darf. Und hier ist der Punkt, an dem verordnete Veränderung auf Widerstand stoßen *muss*. Will die Geschäftsführung eines Unternehmens eine andere Kultur, geht es um Identität; und die eigene Kultur will sowohl die Organisation als Ganzes als auch das Individuum am liebsten bewahren. Deren Bedrohung führt oft zu heftigen emotionalen Reaktionen, verständlicherweise.

Gut beobachtbar ist dies bei Unternehmensfusionen. Zu meinen liebsten Kunden zählt ein Versicherungsunternehmen, das vor mehr als fünf Jahren zwei Versicherungen »verschmolzen« hat. Jedes hat seine eigene gelebte Kultur mitgebracht. Und so zeigte sich, welche Kulturaspekte miteinander in Resonanz gingen und dafür sorgten, dass Verhalten sich ruckzuck ändern konnte. Nach dem Motto »Das ist ja super, machen wir jetzt alle so« gab es vieles an Prozessen, Verabredungen und Abläufen, was vereinheitlicht wurde. Es zeigte sich aber ebenso, welche Kulturelemente sich abstießen. Dort, wo keine Resonanz entstand, blieb es bei »Wir« und »Die«. Parallele Prozesse entstanden, Konflikte kamen an die Oberfläche. Nicht alles davon wurde wahrgenommen beziehungsweise bearbeitet und so sprechen die Mitarbeitenden (und zwar über alle Hierarchieebenen) auch heute noch im Miteinander von »Uns« und »Euch«.

Die meisten »Kulturveränderungsprojekte« scheitern, das ist erwartbar und geradezu gesund. Kultur lässt sich nicht direkt beeinflussen. Sie entsteht ohne Sachzweck, also kann es auch keinen geben, der für Kulturveränderung sorgt. Sie stiftet Identität; diese zu verändern, ist langwierig und kann ganz sicher nicht verordnet, geplant und zentral gesteuert werden. Wenn Sie also an der Kultur Ihres Unternehmens rumdoktern, erwarten Sie nicht kalkulierte Nebenwirkungen.

> »We can't impose our will on a system. We can listen to what the system tells us, and discover how its properties and our values can work together to bring forth something much better than could ever be produced by our will alone.«
> *Donella Meadows*

Behandlung

Wir leben in ständiger Veränderung und steter Instabilität, aber nicht alles ist stetig instabil. Der Ruf nach Veränderungsbereitschaft und -fähigkeit ist oftmals so laut, wie die eigene Denkweise stur verfolgt wird. Die Fragen also, wie wir als Einzelne im Denken flexibler werden und wie Veränderung in einer Organisation geschieht, sind mehr als notwendig.

Veränderung ist Lernen

Es gibt selbstverständlich kein Patentrezept, mit dem Veränderungsvorhaben garantiert zum gewünschten Erfolg führen, denn ob eine intendierte Veränderung Resonanz erzeugt und zu den gewünschten neuen Verhaltens- oder Kommunikationsmuster führt, erkennen Sie erst im Rückblick. Deutlich geworden sein dürfte, dass es keinen Sinn ergibt, große Projekte im stillen Kämmerlein zu initiieren und dann die »Betroffenen« zu beteiligen. Veränderung ist Irritation des Systems, sie ist ein Übergang von Alt nach Neu, der immer eine Phase der Verunsicherung produziert. Diese Phase zu verleugnen, ist ebenso unsinnig, wie die eigene Energie in Schuldzuweisungen an die sturen Mitarbeitenden zu verschwenden. Die ersten Fragen, die Sie sich stellen sollten, sind folgende:

- Reagieren Sie mit der Veränderung auf die Marktbedingungen?
- Welche Vision steht dahinter?

Ein Vorhaben ohne Notwendigkeit wird sehr wahrscheinlich erfolglos sein, denn Veränderung um der Veränderung willen ist unsinnig. Und ohne eine Vision des neuen Zustands, in dem Sie anzukommen gedenken, können Sie Ihre Maßnahmen nicht überprüfen, nicht gegenregeln, nicht nachjustieren, nicht passend agieren. Veränderung bedeutet, von einem alten stabilen Ordnungsmuster in ein neues stabiles Ordnungsmuster zu wechseln, wobei am Übergang Unsicherheit durch Instabilität entsteht. Wenn Sie diesen Prozess anstoßen, sollten Sie einen guten Grund haben, einen, der die Lebensfähigkeit Ihrer Organisation betrifft. Damit fallen alle Projekte, die Motive wie »Wir bräuchten mehr Agilität« oder »Wir müssten mal zukunftsfähiger werden« haben, aus. Investieren Sie in diesem Fall die Energie lieber in sinnvollere Maßnahmen. Die Vision muss ganz klar transportieren, welches neue stabile Ordnungsmuster angestrebt wird (ob und wie Sie es erreichen, steht auf einem anderen Blatt). Ist die Frage nach der Vision gut beantwortet, brauchen Sie passende Interventionen, die den Phasenübergang ermöglichen. Also eben kein Modell oder große, langwierige Prozesse, sondern Maßnahmen, die im Hier und Jetzt Entscheidung und Veränderung bedeuten.

Interventionen finden übrigens laufend statt, auch außerhalb der Change-Vorhaben. Wichtig ist, ein Bewusstsein dafür zu entwickeln, dass alle Maßnahmen eine Wirkung haben. Auch das, was Sie bisher an Prozessen, Methoden und so weiter nutzen, wirkt. Es geht nun darum, mit der passenden Intervention für eine Irritation zu sorgen, die das System von Alt nach Neu gehen lässt.

Die meisten Diskussionen in den vielen Change-Projektteams drehen sich darum, was man zusätzlich tun muss, damit die Veränderung greift. Es wird an der Wortwahl gefeilt, Flyer werden gedruckt, Roadshows durchgeführt, um zu überzeugen, dass das Neue gut ist. Der Knackpunkt bei Veränderungen liegt aber fast immer darin, dass etwas die Veränderung verhindert. Es ist viel sinnvoller, nach Hindernissen zu suchen, als Marketing für das Vorhaben zu machen. Welche Mechanismen, Strukturen, Prozesse und Denkmuster verhindern das Neue? Das ist die entscheidende Fragestellung. Um sie zu beantworten, müssen Sie die Wechselwirkungen und Dynamiken in Ihrer Organisation betrachten, sonst bewirken die gewählten Maßnahmen nur vorsichtige, lineare Trial-and-Error-Versuche.

In meinen Vorträgen nutze ich häufig eine meiner Lieblingsmetaphern, um den Zusammenhang zu erläutern. Folgen Sie mir gedanklich bitte kurz in die Welt der Geflügelzucht. In einem vereinfachten Modell der Welt (das durch das Aufschreiben hier auch noch in eine Linearität gepresst wird) unterstelle ich, dass folgender Zusammenhang gilt: »Je mehr Hühner, desto mehr Eier.« Unterstellt ist dabei, dass zu Beginn mindestens ein Hahn dabei ist und der seine Aufgabe wahrnimmt. »*Je mehr* Hühner, *desto mehr* Eier« ist positives Feedback. (Bitte »Feedback« hier nicht verwechseln mit den alltäglichen Rückmeldungen an einen Kollegen oder durch die Führungskraft. Feedback in Systemen ist ein Ergebnis, das als Input wieder ins System läuft.) Je mehr Eier wir im Stall haben, desto mehr Hühner und Hähne werden geboren. Auch das ist vereinfacht, aber wir betrachten es hier auf dieser Ebene. »Je mehr Eier, desto mehr Hühner« ist ebenfalls positives Feedback. Es ergibt sich eine Schleife zwischen Hühnern und Eiern, eine sogenannte eskalierende Feedbackschleife. Sie bedeutet Wachstum, und zwar unendlich, theoretisch zumindest.

Ist das erklärte Ziel beispielsweise eine bestimmte Produktionsgröße an Eiern, dann fokussieren die meisten Managenden und Führungskräfte auf die Hühner. Sie schreiben ihnen individuelle Zielvorgaben ins Heft, führen Jahres- und Kritikgespräche, bieten ausgewogene Ernährung in der stalleigenen Kantine und fragen sich, wie sie die besten Hühner vom Markt anwerben können. Das klappt viele Jahre ganz gut, die Anzahl der Eier schwankt immer mal, aber das wird als hinnehmbar toleriert. Nun beschließt die Geschäftsführung, dass die Eierquote steigen muss. Die Zeiten haben sich geändert, der Wettbewerb ist hart und auch die Hühner müssen das jetzt endlich mal einsehen. Es wird ein Veränderungsprojekt aufgesetzt, das für eine agilere Kultur sorgen soll. Die Hühner bekommen Großraumbüros, der Krawattenzwang wird abgeschafft, ein Feelgood-Manager wird eingestellt und die Hühner dürfen ihre Arbeitszeit frei gestalten. Was passiert? Nix. Die Eierquote pendelt um die gleiche Zahl herum wie vorher.

Sie ahnen, was jetzt kommen kann. Es gibt noch mehr Maßnahmen, die den Hühnern den Ernst der Lage verdeutlichen, die Fehlerquote in der Eierproduktion senken und, und, und. Der betrachtete Ausschnitt bleibt aber der Hühnerstall, genau genommen die Hühner und ihre Eier. Dieser Fokus ist aber zu eng und liefert keine brauchbaren Hinweise auf mögliche Wachstumsverhinderer. Betrachtet man nämlich die Bedingungen und die Umgebung, dann sieht man, dass der Hühnerstall direkt an der B54 steht. Die Hühner überqueren mitunter die Bundesstraße, was nicht für alle von ihnen gut ausgeht. Je mehr Hühner, desto mehr überqueren die Straße, wieder ein positives Feedback. *Je mehr* die Straße überqueren, *desto weniger* Hühner leben noch im Stall – negatives Feedback. Diese beiden Feedbacks ergeben eine stabilisierende Feedbackschleife. Die Straße bremst das Wachstum der Eierquote.

Klar mache ich es mir mit dem Beispiel sehr einfach, aber eine vergleichbare Dynamik gibt es bei allen Vorhaben, Ideenentwicklungen, Produktionen. Es gibt kein unendliches Wachstum, ein stabilisierender Aspekt existiert immer. Mit Blick auf angestrebte Veränderungen liegt hier die Chance, herauszufinden, was das Neue hemmt oder verhindert. Es gibt immer eine B54, wir müssen sie nur finden und dann gute Ideen generieren, wie wir damit umgehen.

Wollen Sie mehr Frauen in Führungspositionen, finden Sie heraus, welche Strukturen und Glaubenssätze das verhindern. Wenn das neue virtuelle Team für einige Mitarbeitende bedeutet, keinen direkten Draht mehr zur Geschäftsführung zu haben, und damit einen Verlust von Anerkennung mitbringt, finden Sie eine Lösung beziehungsweise einen Umgang damit. Wenn Sie neue Methoden einführen wollen, hinterfragen Sie deren Passung und Sinnhaftigkeit. Vor allem aber wollen Sie bitte nicht zu viel auf einmal. All die großen Change-Programme zerfasern in den vielen kleinen Veränderungen, die dann oft nur halbherzig nebenbei laufen sollen. Veränderung braucht Aufmerksamkeit. Veränderung ist Organisationsentwicklung und kein Projekt. Es ist erfolgversprechender, in kurzen Iterationen häufig zu verändern. Eine gute Orientierung bietet dazu der sogenannte PDSA-Zyklus.

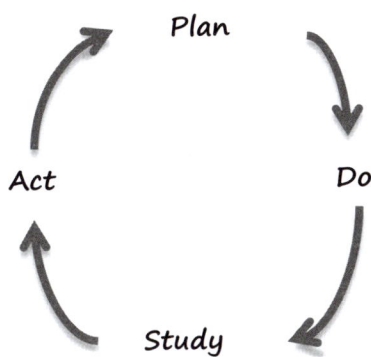

Plan: Welche Veränderung wird angestrebt, mit welchem Ziel und welcher Vision? Wieso, weshalb, warum?

Do: Veränderung umsetzen, eventuell in kleinem Maßstab als Experiment.

Study: Welche Wirkung hat die Maßnahme erzeugt? Welche Ergebnisse haben wir erreicht? Wie nah sind wir an der intendierten Veränderungsidee? Was lernen wir daraus?

Act: Zyklus neu starten oder Veränderung erfolgreich umgesetzt?

Störung hält flexibel

Starrsinn ist und bleibt ein Phänomen in vielen Unternehmen. Unreflektierte Routinen führen auf Dauer zu Trägheit und Starre. Unbestritten ist aber, dass die komplexen Zeiten, in denen wir agieren, Flexibilität und Anpassungsfähigkeit erfordern, wenn die Organisation lebensfähig bleiben will. Wie also kann ein Unternehmen sich selbst irritieren, reflektieren und stören? Mit Red-Teaming. Sie stimmen mir sicher zu, dass heute nicht mehr ein Mensch allein über das Wissen und die Erfahrung verfügt, um komplexe Aufgaben zu lösen, und dass wir längst im Zeitalter der Kollaboration angekommen sind. Unter dieser Prämisse nämlich ist Red-Teaming ein hervorragendes Konzept, das keine fertigen Lösungen liefert, sondern Einsichten. Und die brauchen wir zuerst, um Zusammenhänge zu verstehen und passende Interventionen auszuwählen.

Dazu ermächtigen Sie Personen in Ihrem Unternehmen, die sogenannten Red Teamer, konstruktiv zu stören. Das Ziel der Störung ist immer, aufmerksam zu werden für Denkroutinen und Vorurteile, die Entscheidungsqualität zu verbessern und die Flexibilität der Organisation zu erhöhen. Dazu braucht es Red Teamer mit entsprechendem psychologischen Hintergrundwissen, mit Kenntnissen über Gruppendynamiken und Systeme. Das Elementare ist aber die Haltung, denn Red-Teaming kann nur konstruktiv wirken, wenn es als unterstützende Aufgabe verstanden wird.

Was kennzeichnet nun die Haltung der Red Teamer?

- Arbeiten nur unter passenden Bedingungen: In der Organisation muss Kritik explizit erwünscht sein.
- Fokus auf wichtigen Themen: Red Teamer arbeiten an ganz konkreten Fragen und Aufgaben. Setzen Sie sie nur für die entscheidenden Themen ein.
- Keine Routine bitte: Red-Teaming darf nicht zur Routine werden, die Mitglieder sollten diese Aufgaben nicht konstant innehaben.
- Rechthaben ist nicht das Ziel: Red-Teaming ist nicht auf bestimmte, gewünschte Ergebnisse ausgerichtet. Es fördert den Diskurs und setzt gute Diskussionen in Gang.
- »Don't be an asshole«: Red-Teaming ist immer eine Gratwanderung zwischen konstruktivem Ungehorsam und persönlichem Angriff. Jeder Red Teamer ist sich dessen bewusst und achtsam.

Und wie läuft das nun konkret? Beim Red-Teaming gibt es nicht die eine Methode, vielmehr kommen unterschiedlichste Tools zum Einsatz. Dazu gehören kritisches Denken, Liberating Structures, Analysetechniken und Kollaborationsmethoden. Die vielen Techniken zu beschreiben, würde hier den Rahmen sprengen. Dafür braucht es ein eigenes Buch (das kommen wird). Um Ihnen aber einen ersten Eindruck zu vermitteln, skizziere ich nachfolgend zwei Werkzeuge: »Denke-Schreibe-Teile« und den »Annahmen-Check«.

Laden Sie Red Teamer ein, wenn es um ein Problem, eine Frage, ein Veränderungsvorhaben geht und Sie viele Ideen oder Lösungsansätze generieren möchten. Da die Red Teamer inhaltlich nicht involviert sind, fällt es ihnen häufig leichter, »frei im Kopf« zu bleiben. Der erste Schritt ist also immer, viele Sichtweisen und Aspekte zu skizzieren. Eine sehr simple und gleichzeitig effektive Methode, das zu tun, ist Denke-Schreibe-Teile.

Denke-Schreibe-Teile

Stellen Sie dem Red Team das Problem oder die Aufgabe vor, und bitten Sie die Teammitglieder, ihre Gedanken dazu auf Karten zu schreiben. In dieser ersten Phase arbeitet jeder für sich in Stille. Das ist wichtig, denn zu schnell bewegen sich Gespräche wieder weg vom Thema oder es wird ein Ja-aber-Spielchen gestartet. Sich die Zeit zu nehmen, über ein Thema intensiv nachzudenken, ist ebenso wichtig, denn es sollen Zusammenhänge und Wechselwirkungen mitbetrachtet werden. Sie können dem Red Team für diese Phase natürlich eine feste Zeitvorgabe machen. Das Aufschreiben der Gedanken sorgt für ein tieferes Denken. Nach Ablauf der Zeit für diese stille Phase werden die Gedanken und Ideen präsentiert. Dabei gelten folgende Regeln:

- Es spricht immer nur der Präsentierende.
- Der eigene innere Dialog sollte angehalten werden.
- Niemand spricht ein zweites Mal, bis alle präsentiert haben.

Diese simple Methode sorgt für eine kollaborative Umgebung, in der sich kein Einzelner hervortut und neue Ideen nicht sofort durch Diskussion erstickt werden. Eines habe ich durch die vielfache Anwendung auch mit Nicht-Red-Teamern gelernt: Die ruhige Denkphase sorgt für ein tieferes Erfassen und Verstehen des Themas. Zudem ergeben sich beim Zuhören (wenn es gelingt, den eigenen Dialog zu stoppen) neue Erkenntnisse, und das Verständnis füreinander wächst.

Eventuell sind Sie mit Ihrem Vorhaben ja schon fortgeschritten und haben einen Plan erarbeitet. Dann ist es sinnvoll, diesen von einem

Red Team betrachten zu lassen und die zugrunde liegenden Annahmen zu hinterfragen.

Annahmen-Check

Fakt oder Annahme? Diese beiden Dinge werden gerne mal verwechselt.
Den Glauben, dass Veränderung schwierig ist, weil die Mitarbeitenden
sich sperren, halten viele Führungskräfte für Wissen. Ich behaupte, dass
das eine Annahme ist. Ohne Annahmen geht es nicht, sie sind allgegenwärtig und notwendig für Überlegungen und Pläne. Problematisch wird
es, wenn wir uns der zugrunde liegenden Annahmen nicht bewusst sind.
Das, was wir annehmen, sollte möglichst passend sein, damit wir gute
Entscheidungen treffen können. Bevor Sie weitreichende Interventionen
oder Change-Vorhaben starten, stellen Sie sicher, dass Ihre Annahmen
passen. Laden Sie das Red Team ein, um Ihren Plan zu betrachten und
alle impliziten und expliziten Annahmen zu extrahieren. Fragen Sie bei
jeder Annahme, ob sie für Ihr Vorhaben notwendig ist. Manchmal führen
gerade implizite Annahmen, die an dieser Stelle nicht wichtig sind, vom
eigentlichen Thema weg und eröffnen neue Probleme. Es bleibt am Ende
dieses Prozesses eine Liste von Annahmen, die Sie nun einzeln beleuchten. Die Red Teamer prüfen die Annahmen auf folgende Fragestellungen:

- Ist die Annahme logisch?
- Ist sie präzise (also keine Verallgemeinerung)?
- Basiert sie auf Vorurteilen oder Denkfallen?
- Was muss passieren, damit die Annahme wahr wird?
- Wenn sie sich bewahrheitet, gilt das unter allen Umständen?
- Wenn sie nicht wahr wird, wie kann oder muss der Plan angepasst
  werden?

Betrachten Sie vor allem die Annahmen, die entscheidend für Ihr
Vorhaben sind, genau. Eventuell lassen sie sich erhärten. Wenn Sie
beginnen, diese Technik zu nutzen, werden Sie sehr wahrscheinlich
erstaunt sein, wie viele unbewusste Annahmen in Ihren Planungen
stecken. Die Anwendung des Checks verbessert auf Dauer auch das
eigene Gespür dafür.

Wirkung

Mehr Zeit und Geld für passende Maßnahmen

Wenn all die vielen Kulturprojekte und die großen Change-Programme auf sinnvolle, passende Maßnahmen reduziert werden, wird viel Energie und auch Investment frei, die sich gut woanders nutzen lassen.

Dauerhaftes Lernen

Findet Veränderung laufend statt und werden Ergebnisse und Wirkungen intensiv betrachtet, dann gibt es auch einen fortwährenden Lernprozess. Störungen in Routinen und Gewohnheiten, wie Red Teamer sie gezielt einsetzen, sorgen ebenfalls laufend für Erkenntnisse, ein besseres Systemverständnis und eine höhere Aufmerksamkeit für eigene Denk- und Verhaltensmuster.

Kontrollzwang

Alles unter Kontrolle?!

Der Pschyrembel schreibt: »Kontrollzwang, Bezeichnung für Kontrollverhalten, das sich auf alle Tätigkeiten und Handlungen beziehen kann und zur Abwehr befürchteter negativer Ereignisse durchgeführt wird, wobei dem Betroffenen die Widersinnigkeit der Handlungen in der Regel bewusst ist. Häufig werden Elektrogeräte, Kerzen, Türen, Fenster, Briefe oder einzelne Arbeitsschritte immer wieder kontrolliert.«

Das lässt sich aber nicht eins zu eins auf Unternehmen übertragen! Der große Unterschied: In den Unternehmen ist den Betroffenen die Widersinnigkeit der Handlungen meist nicht bewusst. Oft ist den Führungskräften und Managenden nicht einmal gegenwärtig, dass sie dauernd kontrollieren. Fragt man sie nach ihrem Kontrollverhalten, lautet die Antwort in etwa: »Ich gebe viel Freiraum und kontrolliere höchstens mal Ergebnisse.« Die spontane Antwort auf eine solche Frage speist sich daraus, wie der oder die Antwortende gerne wäre. Doch schaut man genauer hin, ist nicht zu übersehen: Auch heute, in Zeiten von Agilität, Selbstverantwortung und New Work, wird kontrolliert, was die Arbeit hergibt. Ein paar Beispiele? Gerne.

In den Unternehmen ist den Betroffenen die Widersinnigkeit der Handlungen meist nicht bewusst

Wer Geld ausgeben darf und wer nicht, ist in diversen Richtlinien üblicherweise ausführlich beschrieben. Über die Reisekostenrichtlinie ist vorgegeben, wie teuer eine Hotelübernachtung für einen Berater oder den Geschäftsführer sein darf. Und auch bei Transatlantikflügen nur noch Economy buchen! Auslagen für eine Taxifahrt werden nur erstattet, wenn öffentliche Verkehrsmittel nachweislich nicht zumutbar gewesen wären. Über solche Vorgaben wundert sich niemand mehr, alle haben sich daran gewöhnt, denn schließlich gab es ein paar schwarze Schafe, die es sich gut gehen ließen, und nun sorgt zentrale Steuerung inklusive Kontrolle für Ordnung. Bei einigen Unternehmen geht das so weit, dass selbst die Beschäftigung von Praktikanten oder auch Flugreisen auf der Vorstandsebene abgezeichnet werden müssen.

Um die Kostenreduktionsziele zu erreichen, hat ein Unternehmen mit vielen Firmenfahrzeugen seine Mitarbeitenden »gebeten«, nur noch zwischen 15 und 20 Uhr zu tanken, da im tageszeitlichen Verlauf der Sprit dann am günstigsten sei. Eine Liste der Tankstellen, die nur als zweite Wahl anzufahren sind (neben Aral, BP und Shell auch fast alle anderen), ist mitgeliefert. Gleichzeitig mögen die Mitarbeitenden aber nicht mehr als 20 Kilometer Umweg in Kauf nehmen, um günstig zu tanken, weil das die Ersparnis wieder aufheben würde. Zu guter Letzt noch mal der Hinweis, dass das Tanken von Premium Diesel gemäß der Car-Policy nicht gestattet ist. Diese »Hilfestellung« hing am schwarzen Brett eines Unternehmens, dessen Geschäftsführung sich über die mangelnde Selbstverantwortung der Mitarbeitenden beklagt.

Zwei Tage verbringe ich mit der Gruppe von elf Führungskräften und ihrem Bereichsleiter, alles Herren, macht aber nichts. In der ersten Kaffeepause nimmt der Bereichsleiter mich zur Seite und fragt, ob ich nicht genau diese und jene Frage in die Runde geben könne. Warum er das nicht selbst mache, frage ich zurück. »Wenn jemand von außen solche Dinge anmerkt, dann ist das was anderes.« Ja, das stimmt, und trotzdem kann man jetzt über die Motive des Herrn spekulieren. Unterdessen geht das so weiter. In jeder Pause erinnert er mich an seine Bitte und treibt es auf die Spitze, als er mich bittet, jetzt aber dringlich, dem einen Kollegen genau diese Frage zu stellen, damit der auf eine ganz bestimmte Erkenntnis kommt. Sie glauben, ich übertreibe? Leider nein.

Um es vorwegzunehmen, die gewünschte Frage habe ich nicht gestellt, aber ich habe die Teilnehmer beobachtet. Sie haben in Kleingruppen eigene Fallbeispiele eingebracht und das Szenario war immer ähnlich. Fall vorgetragen, Ideen aus dem Kollegenkreis kamen

dazu – und dann der Auftritt des Bereichsleiters, der den jeweiligen Führungskräften Handeln, Denken und die passende Rhetorik empfahl. Er hatte eine klare Vorstellung davon, was seine Mitarbeitenden am Ende der zwei Tage denken sollten. Dafür hat er schließlich eine externe Begleiterin eingekauft, die seine Leute dazu bringt. Ein Kontrollfreak halt. Ein Einzelfall? Vielleicht, aber unwahrscheinlich.

Die Idee, man könne ein soziales System, wie es Teams oder Organisationen darstellen, kontrollieren, hält sich hartnäckig. Dabei ist und bleibt sie ein Denkfehler. Der allerdings trägt mitunter absurde, aber durchaus unterhaltsame Blüten. Auf Veranstaltungen, die inhouse stattfinden, treffen regelmäßig die alte Idee von minutiöser Planung einerseits und die Realität andererseits aufeinander. Die Agenda für den Tag wird auf Minutenebene in mehrseitige Word-Tabellen zerfasert und die Einstiegsfragen und Übergangssätze werden gleich mitgespeichert. Nichts soll dem Zufall überlassen werden.

Bin ich Teil eines solchen Szenarios, arbeite ich zu meinen Themen sehr gern interaktiv mit Lego, Simulationen oder anderen Aufgaben, die sich dann unter den Aspekten Zusammenarbeit, mentale Modelle, Konkurrenz und so weiter reflektieren lassen. Das Spannende für mich daran ist, dass eine Aufgabe in jeder Gruppe anders läuft (von einigen Grundmustern abgesehen, die sich in tradierten Organisationen fast immer finden), sodass sich viele Impulse für einen Diskurs ergeben. Der Gedanke auf Unternehmensseite ist aber oft, dass man den Prozess so steuern und kontrollieren kann, dass für jeden Teilnehmenden dieselbe Erkenntnis entstehen muss, stabil, reproduzierbar, vorhersagbar. Dieses Denkmuster passt zu Komplexität, Resilienz, Agilität, Selbstorganisation oder wie immer das Label gerade lauten mag, gar nicht. Über eine fehlerfreundliche Kultur diskutieren, aber in der Veranstaltung selbst darf keiner auftauchen. Über komplexe Systeme und deren Nichtsteuerbarkeit reden, aber die Gruppenarbeit vorherbestimmbar machen wollen. Wechselwirkungsdenken trainieren und gleichzeitig daran glauben, dass nur kleinschrittige Vorgaben zum richtigen Ergebnis führen. Das ist der Punkt, an dem ich davon überzeugt bin, dass der Kontrollzwang den handelnden Personen eben nicht bewusst ist. Er steckt im System, als Teil des mentalen Modells der Organisation.

Es gibt so viele Beispiele, dass sich ein eigenes Buch dazu lohnen könnte. Da sind die Vorbesprechungen, um das richtige »Wording« für das Vorbereitungsmeeting zum Audit zu finden. Oder die Projektmeetings, in denen jedes Arbeitspaket durchgehechelt wird und immer nach »Warum hast du nicht« und »Wie wirst du jetzt« gefragt wird. Nicht zu vergessen das Versenden des Foliensatzes an mehrere Stakeholder, damit die kontrollieren, ob die Folien so an die Geschäftsführung gehen dürfen. Die Arbeitszeiterfassung, die Pausenregelung, Urlaubsgenehmigungen, der Forecast, das Reporting, die KPIs, die vielen Nachfragen, die RACI-Matrix, das Besprechungsprotokoll, Kameras über dem Arbeitsplatz und all die weiteren Werkzeuge, die vermeintlich zur Ergebnissicherung oder Verbesserung der Prozesse da sind, sorgen am Ende doch vor allem für eines: Kontrolle.

Die Steuerungsmacht der Zahlen

»Key Performance Indicator« (KPI) ist der magische Begriff, mit dem viele Verantwortliche ein Unternehmen glauben steuern zu können. Gestartet, um etwas über die Güte eines Prozesses auszusagen, sind die so gemessenen Größen Basis für die Incentivierung der Mitarbeitenden. Einen KPI für die Auslastung der Berater, die Anzahl der Kundenbesuche pro Woche, durchschnittliche Gesprächsdauer im Callcenter, 4-Sterne-Bewertung von Autokäufern und so weiter – hier tun sich schier endlose Mess- und Zählmöglichkeiten auf. Mit der passenden Software haben Sie dann auch gleich ein schickes Mitarbeiter-Performance-Dashboard, das ihnen die durchschnittliche Abwesenheit der Mitarbeitenden in hübschen Grafiken darstellt. Der Hersteller liefert auch gleich Handlungsempfehlungen und Interpretation mit, frei nach dem Motto »Wer oft fehlt, hat keinen Bock auf die Arbeit«.

Welche Messgröße auch immer erhoben wird, es geht am Ende um Leistung und Anreizsysteme. Mit einer Möhre vor der Nase sind die Mitarbeitenden sofort motiviert und engagiert. Dieser Gedanke ist wenig schmeichelhaft, denn er unterstellt, dass ohne Anreiz auch keine Motivation vorhanden sei. Nein, nein, mögen Sie gerade denken, so ist das doch nicht gemeint. Nein? Wie dann?

Wurde bis vor ein paar Jahren noch mit schnödem Mammon belohnt, so reicht das Spektrum heute von flexibler Arbeitszeit über einen Personal Trainer bis zu Tickets für das Fußballstadion (bitte immer den geldwerten Vorteil beachten). Womit auch immer belohnt wird, Anreizsysteme für Leistungen sorgen doch hauptsächlich für eines, nämlich dem Anreizsystem zu genügen. Das übergeordnete Organisationsziel geht leicht verloren, weil jeder darauf trainiert wird, sein incentiviertes Ziel zu erreichen. In meiner Zeit als Managerin habe ich selbst gelernt, wie sich Umsätze aufteilen und umbuchen lassen, um ein Quartal »auszugleichen« Über Kennzahlen lassen sich Organisationen steuern? Ja, aber gesichert nur in die negative Richtung. Denn es entstehen Effekte, die am Ende zu noch mehr Kontrolle führen:

- »Teaching to the test«: Der hohe Grad an Standardisierung aufgrund der Forderung nach Vergleichbarkeit und Gleichmacherei im Schulwesen haben den Begriff geprägt. Was in den Schulsystemen zum Bulimielernen, also dem kurzfristigen, nur auf den nächsten Test ausgerichteten Lernen, führt, sorgt in Unternehmen dafür, dass die Menschen sich auf die Erfüllung der Zielvorgaben zur anschließenden Incentivierung fokussieren.
- Langfristige Strategien haben es schwer, denn die kurzfristige Zielerreichung steht immer im Vordergrund. Die Zahlen müssen stimmen, schließlich hat jede Führungskraft und jeder Managende ein Controlling im Nacken. Je nach Unternehmensart führt das zur absoluten Quartalsfixierung. Langfristiges Denken? Fehlanzeige.
- Die Datenerhebung, Auswertung und das Lesen kosten Zeit. Dies trägt aber nicht zur Wertschöpfung bei und ist somit ein erheblicher Kostenfaktor an sich. Im schlimmsten Fall wird die Datenbearbeitung zum Selbstzweck, dann entstehen neue Rollen oder auch Controlling-Abteilungen, die sich mit der richtigen Interpretation der Daten beschäftigen. Gleichzeitig finden die Menschen kreative Wege um die Kontrolle herum. Also werden neue Regeln verfasst und Richtlinien geschrieben. Kontrolle führt zu noch mehr Kontrolle.
- Schaut man, worauf die meisten erhobenen Kennzahlen heruntergebrochen werden, dann sind das Auslastung und Produktivität – die bitte immer hoch sein mögen. Gleichzeitig soll das Risiko der Tätigkeiten, Projekte, Investitionen möglichst gering sein. So erzielt man keine Innovationen. Auf Dauer bringt man einer Organisation bei, starr und langsam zu werden. Keiner macht mehr etwas Neues, weil das nicht gemessen werden kann. Neues tun bedeutet zudem Fehler machen oder auch scheitern. Wird nicht gemessen, also nicht incentiviert, also nicht gemacht. Und dies zu Recht.
- Anreizsysteme, vor allem in Verbindung mit individuellen Zielvorgaben, sind unsinnig und müssen unfair bewerten. Es gibt in einer Organisation keine Einzelleistungen, alles ist Teamleistung. Auch wenn es bei den individuellen Zielen offiziell darum geht, dass die Mitarbeitenden sie maßgeblich beeinflus-

sen können, ist es nicht möglich, diese Einflussnahme zu messen oder zu bewerten. Anreizsysteme fördern gleichzeitig den internen Wettbewerb – und das auf Kosten des Gemeinschaftsgefühls und der Kooperation. Unternehmerisches Denken dann von den Mitarbeitenden zu fordern und in zweitägigen Intrapreneurship-Seminaren zu schulen, ist eine Farce, denn genau dieses Denken lassen die Anreizsysteme nicht zu.

Ist das Motiv hinter Führung und Management die totale Kontrolle und das Uniformieren der Menschen, empfiehlt sich die chinesische Regierung als Vorbild. Bis 2020 soll es ein Sozialkredit-System geben, das die moralische Ordnung sichert. In Rongcheng gibt es das bereits seit 2014. Alle möglichen Daten über die Bürger werden gesammelt und ausgewertet. Jeder hat ein Sozialpunkte-Konto, die mit den meisten Punkten finden ihr Konterfei auf einer öffentlichen Tafel. Sie können Punkte sammeln und verlieren. Bei Rot über eine Ampel fahren kostet fünf Punkte, vor dem Zebrastreifen halten und Fußgänger vorlassen gibt Punkte. Je nach Punktestand kommen die Einwohner auf die schwarze oder rote Liste. Die auf der roten werden bevorzugt, wenn es beispielsweise um Schulzulassung, Versicherungsleistungen oder Ähnliches geht. Je nach Stufung haben die Einwohner keine Chance auf eine Führungsposition in einem Unternehmen oder müssen Kürzungen in den Sozialleistungen hinnehmen. Chinas oberste Führungsriege verkündet stolz, verstanden zu haben, dass alte Kontrollmechanismen nicht mehr greifen, Kontrolle geht jetzt digital. Schöne neue Welt.

Hinter all den betrieblichen Mechanismen und Instrumenten steckt die Idee, soziale Systeme zu kontrollieren. Dass es schlichtweg nicht möglich ist, Menschen und Gruppen zu steuern, ihr Verhalten und Denken zu lenken, hat sich noch nicht überall herumgesprochen, und so bleibt Kontrollzwang ein häufig anzutreffendes Symptom, das sich längst verselbstständigt hat.

Pathogenese

Unerfüllter Steuerungswunsch

Woher kommt die fixe Idee der Steuerung eigentlich? Zwei Aspekte spielen meiner Erfahrung nach hier eine entscheidende Rolle: lineares Denken und das Bild vom Unternehmen als einer Maschine. Eine Maschine lässt sich verstehen, indem man ihre Bestandteile betrachtet. Sie ist sozusagen die Summe ihrer Elemente. Eine Aufgabe, eine Problemstellung, eine Organisation muss man demnach nur weit genug in die Bestandteile runterbrechen, um sie beherrschbar und vorhersagbar zu machen. Das war und ist das Credo der Industrialisierung. Damals ging es darum, repetitive Arbeit am Fließband auf Effizienz zu trimmen. Sie wurde in kleinstmögliche Arbeitsschritte zerlegt, um dann die Durchlaufzeiten mit der Stoppuhr zu messen und zu optimieren. Ein lineares Denkmuster ist hier die Grundlage der zu treffenden Entscheidungen.

Klären wir den Begriff der Linearität an einem Beispiel. Kostet eine Packung Kopfschmerztabletten zehn Euro, dann kosten zwei Packungen eben 20 Euro. Die Änderung der Eingangsgröße führt zu einer proportionalen Änderung der Ausgangsgröße. Lineare Beziehungen sind leicht zu verstehen und zu erklären, sie halten keine Überraschungen, sondern Sicherheit in Form von Vorhersagbarkeit für uns bereit. Die Welt wirkt so schön einfach, wenn wir sie uns als Modell mit lauter linearen Beziehungen denken.

Gibt es Rückkopplungen, die durch Veränderung des Ergebniswertes einen Einfluss auf ihn selbst haben, sind wir mit Nichtlinearität konfrontiert. Eine Rabattaktion für Kopfschmerztabletten wäre ein solcher Fall: Ab einem Bestellwert von 100 Euro gibt es fünf Prozent Nachlass. Pro Packung zahlen Sie dann nur noch 9,50 Euro. Dieses Beispiel ist sehr simpel und wir betrachten es hier isoliert. Richtig dynamisch wird es, wenn wir all die Rückkopplungen im Arbeitskontext betrachten, die entstehen, wenn Menschen miteinander Ideen generieren, Probleme lösen und Produkte herstellen.

Auf lineares Denken und die kleinteilige Betrachtung werden wir in all unseren Schul- und Ausbildungssystemen trainiert. So ausgebildet schauen viele Führungskräfte auf ihre Aufgaben und auf die Mitarbeitenden und tragen dabei die Effizienzbrille. Zoomt man aus dem jeweiligen Ausschnitt heraus, ist die lineare Betrachtung allein nicht mehr hilfreich, denn eindeutige Ursache-Wirkungs-Beziehungen lassen sich in sozialen Systemen nicht vorbestimmen. Dass ein monetärer Bonus für Motivation sorgt, ist ein Glaube, nicht Wissen. Und wenn Sie einen Mitarbeitenden befragen und er bestätigt, dass der Bonus von 1000 Euro für eine Woche Motivation gesorgt hat, bedeutet das nicht, dass 2000 Euro für zwei Wochen wirken. Zu ungeübt darin, Beziehungen zu verstehen und die Ungewissheit, die in der Nichtlinearität steckt, auszuhalten, definieren wir Kausalitäten auch da, wo es um Korrelationen geht. Dann glauben wir, weiterhin steuern zu können, über Kontrolle, Reisekostenrichtlinien, Vertreterregelungen und Bonussysteme. Enttäuscht müssen wir aber irgendwann feststellen, dass die Rechnung nicht aufgeht, und entscheiden uns für Kontrolle. Ganz im Sinne des linearen Denkens verordnen wir mehr Kontrolle, wenn wieder was oder wer aus der Reihe tanzt, ganz nach dem Motto »Viel hilft viel«. Die immer weitere Verstärkung führt mitunter zu überraschenden Effekten, denn der Organisation ist es egal, ob wir linear denken oder nicht. Sie ist ein soziales System und somit nichtlinear.

Ein Fehler – wer war das?

Fehler vermeiden, sie ausschließen, alles wasserdicht machen steckt als Ursache oft hinter dem Zwang, alles und jeden zu kontrollieren. Schaut man in tradierten Organisationen auf die Fehlerkultur, ist auch verständlich, warum. Entsteht ein unerwünschtes Ergebnis, wird der Pranger poliert, an den der oder die Schuldige gefesselt und zur Schau gestellt wird. Auch wenn in den Leitbildern immer vom offenen und konstruktiven Umgang mit Fehlern und dem Lernen daraus die Rede ist, das Erleben ist ein anderes. Die Maschine soll einwandfrei laufen und die Zahnrädchen perfekt ineinandergreifen. In diesem Bild kommen Fehler nicht vor, sie sind unerwünscht.

Aber es gibt sie, dauernd und immer wieder. Und mit ihnen das sogenannte Blame-Game. »Wer ist schuld?« ist die reflexartige Frage, die im Raum steht, wenn etwas schiefgelaufen ist. Der oder die Schuldige wird ausgemacht, das ist häufig oberstes Ziel und benötigt entsprechend viel Energie.

Die Suche nach der eigentlichen Fehlerursache steht hinten an beziehungsweise sie wird in den Menschen vermutet. Das sorgt bei den einzelnen Menschen dafür, keine machen zu wollen, denn schuld sein möchten wir nicht, schließlich haben wir von Kindesbeinen an gelernt: Wer einen Fehler macht, muss büßen. Im Arbeitskontext wird den »Fehlerverursachenden« schnell Inkompetenz, Faulheit oder Dummheit zugeschrieben und sie werden von der Herde separiert. Wer Fehler macht, wird verstoßen. Das ist beschämend und zudem wollen wir zu unseren sozialen Gruppen dazugehören, verstoßen zu werden ist Höchststrafe. Dies lässt sich vermeiden, indem man keine Fehler macht. Was sich schwierig gestaltet, denn wir sind nicht allein im Unternehmen, also hilft vermeintlich nur eines: Kontrolle. Und wenn die mal nicht greift? Mehr Kontrolle.

Misstrauen

Leider gar nicht selten steckt Misstrauen hinter dem Kontrollzwang. Fragen Sie sich einmal ganz ehrlich, warum Sie kontrollieren.

Behandlung

Regeln statt steuern

Nein, ich plädiere nicht dafür, noch mehr Regeln aufzustellen, an die sich alle halten, damit man nur noch zu kontrollieren braucht, ob auch alles wie gewünscht abläuft. Es geht um das Regeln im Sinne des Intervenierens, also des Einflussnehmens auf ein System. Der einzige Mechanismus, der in komplexen Systemen dazu vorhanden ist, heißt Feedback. Im Kapitel »Starrsinn« sind die Wirkungsweisen von positivem und negativem Feedback an einem Beispiel beschrieben, weshalb ich hier nur in Kurzform darauf eingehe. Der wichtigste Schritt ist ohnehin, die entsprechende Haltung zu finden, denn es macht einen enormen Unterschied, ob ich glaube, ein System steuern zu können, oder anerkenne, dass ich zwar Einfluss nehmen kann, aber immer mit Überraschungen rechnen muss.

Nehmen wir an, Sie bringen ein neues Produkt auf den Markt und wollen mit Marketing- und Werbeaktionen für den Erfolg sorgen. Dann müssen Sie zunächst entscheiden, welche Aktionen Sie unternehmen wollen. E-Mail-Marketing, Werbebanner, TV-Spots oder Ähnliches. Sie betreiben Marktforschung, fragen viele Experten, nutzen Ihre eigene Erfahrung, und trotzdem bleibt es ein Experiment, eine Intervention. Sie können nicht vorhersagen, welche Effekte die jeweilige Maßnahme erzielt. Auch wenn Sie bereits viele ähnliche Produkte erfolgreich platziert haben, Wiederholung macht keine Kausalität.

Sie entscheiden sich für ein Werbebanner. Die Nachfrage über Ihre Webseite steigt, das gewünschte Muster entsteht. Die Kunden finden über einen Klick auf das Banner auf Ihre Web- **Keine Intervention zu wählen, ist eben trotzdem eine, und zwar eine verstärkende** seite. Sie werden auf die steigende Nachfrage reagieren und Feedback nutzen. Sie können mehr Werbebanner schalten, das ist positives Feedback. Je mehr Banner, desto mehr Verkäufe. Aber Achtung, das ist nur Ihre Prognose, eine unterstellte Linearität. Der Markt ist definitiv nichtlinear. Da wir gerade ein einfaches Modell der Welt zeichnen, ist die Annahme okay. Positives Feedback verstärkt generell, es ist wachstumsfördernd. Eventuell tun Sie aber auch nichts weiter, es läuft ja. Im systemtheoretischen Sinne ist auch »nichts weiter« positives Feedback, was für den Umgang mit sozialen Systemen extrem bedeutsam ist. Vermeintlich keine Intervention zu wählen, ist eben trotzdem eine, und zwar eine verstärkende. Bringt die steigende Nachfrage Sie an die Kapazitätsgrenze und Sie wollen drosseln, geht das mit negativem Feedback. In diesem Fall stoppen

Sie die Anzeige der Werbebanner. Negatives Feedback verändert, es wirkt ausgleichend.

Gerade bei akutem Kontrollzwang ist es wesentlich, die Feedback-mechanismen zu verstehen. Wenn Ihre Mitarbeitenden trotz Tank-richtlinie immer wieder Erklärungen finden, warum sie doch um 8 Uhr statt zwischen 15 und 20 Uhr bei BP tanken, dann hilft Ihnen noch mehr Kontrolle nicht. Sie müssen die Dynamiken betrachten, hinter die laufende Feedback-Kulisse schauen und passende Inter-ventionen auswählen.

Entscheiden unter Unsicherheit

Wenn das Ergebnis nicht vorhersagbar ist, der Weg zum Ziel unklar, die entstehenden Effekte überraschend sind, dann ist das Treffen guter Entscheidungen eine Herausforderung. Dabei tun Sie es ja, ständig, und ich bin überzeugt, dass Sie längst einen Umgang mit der Ungewissheit gefunden haben, der Ihnen eventuell nur nicht bewusst ist. Der Entscheidungsmechanismus in Komplexität ist: in-tervenieren, Ergebnisse betrachten, Feedback nutzen.

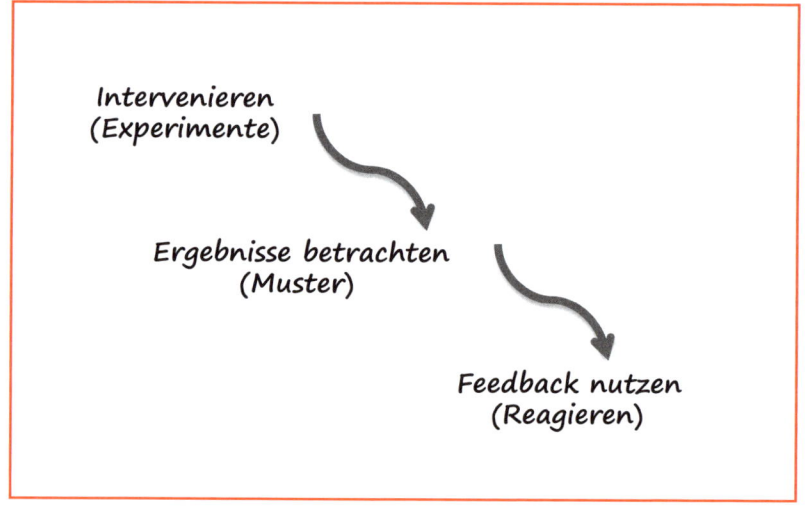

Sie schalten Werbebanner, schauen auf die Produktverkäufe und schalten noch mehr Werbung. Das ist genau der skizzierte Mechanismus, nur dass wir in der Welt des linearen Denkens gerne hinterher so tun, als hätten wir es vorher schon gewusst. Zwei Fragen stellen sich in Bezug auf die Unsicherheit, nämlich wie sie auszuhalten und wie mit ihr umzugehen ist. Ungewissheit und Unsicherheit haben auf Menschen sehr verschiedene Wirkung, sodass es den einen leichter fällt als den anderen, sie auszuhalten. Gehören Sie zu den Menschen, denen es eher schwerfällt, ist meine Idee, dass Sie sich noch mehr vernetzen und mit anderen austauschen sollten.

Darin liegt auch ein Teil der Antwort auf die Frage nach dem Umgang mit der Ungewissheit. Indem man die kollektive Intuition nutzt. Um passende Interventionen auszuwählen, reichen das Wissen und die Erfahrung eines einzelnen Menschen nicht. Die Möglichkeit, falsch zu liegen, ist groß, denn jeder hat seine Erfahrungen in einem anderen Kontext gemacht. Sie einfach zu übertragen, springt zu kurz. Legen Sie aber Erfahrungswissen und Denkmuster mehrerer möglichst verschiedener Menschen zusammen, entsteht ein mehrperspektivisches Bild und die Hypothesen und Prognosen werden besser. Neben der Intuition brauchen Sie noch Mut und Geduld. Der Mut ist notwendig, um Interventionen zu initiieren, weil es eben keine Garantie auf Erfolg gibt. Dann müssen Sie beobachten, welche Effekte und Ergebnisse entstehen. Sie schauen auf die Muster, von denen viele sich nicht sofort, sondern erst zeitverzögert zeigen. Das zu tun, fordert Geduld von Ihnen, ist aber eine wesentliche Zutat für das Treffen guter Entscheidungen und gegen den Kontrollzwang.

Fehler machen

Kaum ein Unternehmen, das nicht gerade auch mit seiner Fehlerkultur beschäftigt ist. Oft höre ich den Satz: »Wir brauchen die richtige Fehlerkultur.« Meine Antwort darauf: »Die haben Sie schon.« Die Art und Weise, wie Fehler gehandhabt werden, wird maßgeblich vom Denken beeinflusst. Also ist hier auf mentale Modelle zu schauen. Dort finden sich dann möglicherweise Überzeugungen wie »Fehler machen die Inkompetenten« oder »Wir wollen fehlerfrei arbeiten« oder »Fehler darf man machen, aber nur einmal« oder »Kontrolle verhindert Fehlermachen« oder, oder. Der erste Schritt in Richtung einer fehlerfreundlichen Kultur ist, das Blame-Game zu beenden.

Vereinbaren Sie, Fehler nicht mehr zu personalisieren Möglich ist dies, wenn Sie als neue Spielregel vereinbaren, Fehler nicht mehr zu personalisieren und die Ursache nicht in der Persönlichkeit der Menschen zu verorten. Das fördert das Verständnis für Fehler als Feedback ins System. Jedes unerwünschte Ergebnis sagt uns etwas darüber, wie wir zusammenarbeiten, wie Prozesse funktionieren oder wie die Menschen denken. Wenn wir das akzeptieren und beim Auftreten eines Fehlers nach seiner Ursache forschen und entsprechende Veränderungen umsetzen, dann lernen wir aus Fehlern. Auf viele der Kontrollmechanismen, die nur der Fehlervermeidung dienen, können wir als Organisation dann verzichten.

Betrachtet man die Fehlerkultur auf einer Achse, dann steht jedes Unternehmen irgendwo zwischen den Polen »Ausfallsicher« und »Sicher ausfallen«. Bei einer starken Tendenz zu Ausfallsicher werden Sie vermutlich auch nur die Interventionen wagen, die sehr wahrscheinlich zum gewünschten Ergebnis führen. Diese Sicherheit existiert nur vermeintlich, aber die Überzeugung sorgt dafür, dass wir »auf der sicheren Seite« bleiben und viele Kontrollinstanzen aufsetzen. Fehler- und damit Schadensvermeidung bleibt das mentale Modell dahinter. Außerdem entstehen so überregulierte, kontrollierte Systeme, der Preis dafür ist ein Mangel an Flexibilität und Anpassungsfähigkeit.

Organisationen, die dagegen auf Schadensbegrenzung statt -vermeidung setzen, gehen davon aus, dass Fehler immer passieren. Sie versuchen nicht, Fehler um jeden Preis zu vermeiden, sondern die Kosten der Fehler gering zu halten. Im Hinblick auf das Regeln sozialer Systeme bedeutet dies, dass nicht ein Experiment nach dem anderen nach dem Trial-and-Error-Schema durchgeführt wird, sondern mehrere gleichzeitig. Das Ziel ist dabei auch, durch Fehler und Scheitern die Grenzen des Möglichen zu finden. Die Kosten im Fehlerfall oder bei Scheitern sind bei diesem Vorgehen tragbar und ungefährlich. In meinem Buch *Die Irrtümer der Komplexität* (2015) finden Sie ein ganzes Kapitel zum Thema Fehlermachen. An dieser Stelle möchte ich Ihnen ein paar Denkanstöße für einen sinnvollen Umgang mit Fehlern geben:

- Die Frage »Wer hat den Fehler gemacht?« streichen
  Fragen Sie stattdessen: »Wodurch ist der Fehler entstanden?«
  Trennen Sie Person und unerwünschtes Ergebnis voneinander.
- Fehler sind Feedback
  Was sagt der Fehler über Zusammenarbeit, Prozesse, Denkmodelle? Was könnte geschehen, wenn Sie ihn nicht beheben?
- Aus Fehlern lernen
  Ist die Ursache gefunden, muss eine Veränderung stattfinden.
  »Wir sollten mal« oder ähnliche Konjunktive helfen dabei nicht.
- »Irgendwas ist immer«
  Das ist eine Haltung dem Leben gegenüber, die Überraschungen, Unvorhersehbares und Fehler einbezieht.
- Intervention statt Analyse
  Ausprobieren, Muster erkennen, Feedback sind gemeinsam der Mechanismus, um komplexe Aufgaben zu lösen.
- Fehler: immer wieder
  Es spricht nichts dagegen, Fehler zu wiederholen. Ändert sich der Kontext, ist die Bedeutung meist auch eine andere.
- Nichtlinearität bedenken
  Tappen Sie nicht in die Kausalitätsfalle.

Wirkung

Aushalten oder verlassen

Dem Kontrollzwang in unseren Unternehmen entgegenzuwirken, ist ein guter Prüfstein für jeden und jede Einzelne, ob er oder sie die Ungewissheit und Nichtvorhersagbarkeit, die in der Komplexität liegt, aushalten will. Nicht jede Führungskraft, nicht alle Geschäftsführenden fühlen sich damit wohl, und es ist gut und wichtig, diesen Aspekt für sich zu reflektieren. Kommen Sie dabei zu dem Ergebnis, dass Sie eher in einem konstanten, vorherbestimmbaren Umfeld wirken möchten, dann sind Führungspositionen oder Unternehmensleitung eher nicht das, was Sie anstreben sollten.

Eigenverantwortung

Zu viel Kontrolle und zu kleinteilige Vorgaben gewöhnen den Menschen das eigene Denken und damit auch das verantwortliche Handeln auf Dauer ab. Das Einfordern von Eigenverantwortung auf der einen Seite und das Bewusstsein, Teil eines Systems zu sein, auf der anderen Seite fördern die Verantwortungsübernahme wieder. Es beginnt beim Menschenbild. Trauen Sie den Mitarbeitenden zu, eigenverantwortlich zu handeln, schaffen Sie auch die entsprechende Struktur. Die Menschen werden diese Verantwortung übernehmen.

Neue Ideen

In einer fehlerfreundlichen Kultur entstehen oft neue Ideen oder Verbesserungen als Nebenprodukt oder »Unfall«. Es ist nicht schwer nachzuvollziehen, dass in einem Umfeld, in dem unnötige Kontrolle durch Vertrauen, Zutrauen und die Möglichkeit, Dinge auszuprobieren, ersetzt wird, die Menschen beginnen, sich einzubringen, Lösungen zu finden und Ideen zu kreieren.

Besprechungsdiarrhö

Häufigkeit und Form

Niemand spricht gerne über sie, denn sie ist unangenehm und lästig: die Diarrhö. Genauso unangenehm und lästig sind viele der Besprechungen, an denen wir im Laufe unseres Berufslebens teilnehmen. Häufigkeit und Konsistenz (meint Inhalt und Ausgestaltung) variieren von breiig bis dünnflüssig.

Laut einer Erhebung des Harvard-Business-Manager-Magazins verbringen Führungskräfte 23 Wochenstunden in Meetings. In den 1960er-Jahren waren es weniger als zehn Stunden, und das bei höherer Wochenarbeitszeit und weniger Urlaub. Selbst wenn wir unterstellen, dass die Menschen Überstunden machen und sich die Relation damit etwas verändert, ein Flow in der Bearbeitung von Aufgaben und Problemen kann bei der Meetingzeit nicht entstehen. So viel zur Häufigkeit. Werfen wir noch einen Blick auf die Konsistenz.

Die Bitkom, der Digitalverband Deutschlands, hat in einer Umfrage (2015) herausgearbeitet, was die Menschen während eines Meetings noch so alles tun. 41 Prozent nutzen das Smartphone, um nebenbei Privates zu tun. Hier die Hitliste:

- 29 Prozent checken Facebook, Twitter und andere Social-Media-Kanäle.
- 27 Prozent spielen auf dem Handy.
- 15 Prozent schauen sich Sportergebnisse an.

Zu viele Termine

Um miteinander zu arbeiten, müssen Menschen aber nun mal miteinander reden, Informationen austauschen, Ideen generieren und Entscheidungen treffen. Deshalb sind Besprechungen grundsätzlich sinnvoll und notwendig, keine Frage. Aber schon einen Termin zu finden, kann ein schwieriges Unterfangen werden. Die Kalender sind voll mit Teambesprechungen, Projektstatusmeetings, Lenkungsausschüssen, One-on-One-Meetings mit dem Chef, Jours fixes, Jahresgesprächen und Arbeitskreisen. Das ist doch nur bei viel beschäftigten Führungskräften so, oder? Weit gefehlt, die Terminkalender aller Mitarbeitenden platzen üblicherweise aus den Nähten. Da ist kein Raum mehr für irgendwas, höchstens noch für das mantraartige Stöhnen der Beteiligten, die schließlich nicht mehr wissen, wann sie denn noch arbeiten sollen. Jetzt übertreibt sie aber, denken Sie? Als Beispiel ein Gespräch zwischen zwei Projektbeteiligten:

A »Viel zu viele Meetings, ich komme nicht zum Arbeiten.«

B »Ist Besprechung nicht Arbeiten?«

A »Nein, drei Viertel des Besprochenen sind für mich gar nicht relevant.«

B »Warum gehen Sie hin?«

A »Weil ich eingeladen bin.«

B »Aber Sie entscheiden doch …«

A »Nein, der Einladende wird sich doch was dabei gedacht haben.«

B »Was machen Sie denn dort, wenn so viel nicht relevant für Sie ist?«

A »Ich nehme meinen Laptop mit und bearbeite E-Mails.«

B »Jetzt mal ernsthaft, warum gehen Sie hin?«

A »Na ja, es könnte ja letztendlich etwas besprochen werden, das ich wissen muss.«

Ein konkretes Beispiel aus meinem Alltag: Ich fahre zu einem Kunden, um die anstehende Veranstaltung zu besprechen. Wir treffen uns heute zum ersten Mal und wollen den Rahmen abstecken und Inhalt beziehungsweise Agenda klären. Meine Ansprechpartnerin holt mich am Empfang ab und wir gehen zum Besprechungsraum.

Der Raum ist abgedunkelt, der Beamer warmgelaufen, und im Rund sitzen sechs Personen. Vier von ihnen haben vor sich einen Laptop aufgeklappt und das Smartphone in Griffweite. Uff, meine Energie sinkt mit einem Schlag. Ich bin jedoch die Einzige, der das bemerkenswert vorkommt. Die erste Frage, die an mich gerichtet wird: ob ich meinen Laptop anschließen will oder die Präsentation auf einem USB-Stick dabei habe. Meine Antwort sorgt für erstaunte Gesichter, denn ich habe weder das eine noch das andere dabei.

An dieser Stelle sind wir aber auch gleich an einem wesentlichen Punkt. Wofür nämlich ist eine Besprechung da? Welchen Zweck hat sie? Für mich ist eine Besprechung ein Gespräch zwischen Menschen, die sich in die Augen schauen und miteinander reden. Sie merken schon, es geht mir bei der Behandlung dieser Diarrhö nicht nur um die Häufigkeit, sondern auch um die Beschaffenheit. Die Menschen in den Organisationen stöhnen nicht nur über die Anzahl der Besprechungen, an denen sie glauben teilnehmen zu müssen, sondern auch über deren Verlauf. Und gleichzeitig verweigert sich niemand, das Spiel wird mitgespielt. Weshalb die Vermutung naheliegt, dass es sich hier um eine ernst zu nehmende, möglicherweise chronische Erkrankung handelt.

Zu wenig Fokus

Die Realität ist tatsächlich erschreckend. Viele Meetings werden ohne Agenda aufgesetzt und, wenn überhaupt, nur leidlich moderiert. Das führt häufig zu folgendem Szenario: Die Teilnehmer trudeln nach und nach ein, setzen sich, stellen zuerst ihren Laptop auf und starten ihn. Es bleibt still im Raum, außer jemand erkundigt sich, wer noch dazukommt oder wo der Kaffee steht. Irgendwann ist es Zeit, zu fragen, ob man denn anfangen wolle. Ja, ja, nicken die meisten über den Rand ihres Rechners. Der oder die Einladende beginnt zu erläutern, warum man hier zusammensitzt. Er oder sie hatte im Vorfeld ein Papier versandt mit der Bitte, es zu lesen. Doch dafür hatte offenbar niemand Zeit. Also wird eine PowerPoint-Präsentation vorgelesen, um alle »abzuholen«. Währenddessen kommen noch mindestens zwei Nachzügler, die sich zunächst ausführlich dazu äußern, warum sie zu spät sind. Beim dritten oder vierten Anlauf endlich können Grund und Inhalt des Meetings unterbrechungsfrei formuliert werden.

Sinnvoller Informations-austausch – leider Fehlanzeige! Jetzt könnte man vermuten, dass eine These oder Arbeitsfrage dafür sorgt, dass am Thema diskutiert und Informationen ausgetauscht werden. Doch Fehlanzeige! Stattdessen wird postwendend in den Modus »Das Problem dabei« und »Die Lösung ist« gewechselt. Standpunkte werden wiederholt, falls man nicht ab und zu nachfragen muss, worum es gerade geht, weil man zwischendurch eben eine wichtige E-Mail zu versenden hatte. Sinnvoller Informationsaustausch, Verständnis herstellen, Disziplin im konstruktiven Miteinander? Leider nicht erkennbar.

Ich fasse an dieser Stelle mal zusammen: Zu viele Menschen sitzen in viel zu vielen Besprechungen, mit denen sie zu wenig zu tun haben, hören dabei zu wenig zu, tragen zu wenig bei, meckern dafür aber viel über die schlechte Meetingkultur.

So wie Besprechungen in vielen Unternehmen gehandhabt werden, entsteht leicht ein Teufelskreis. Wenn alle viel in Meetings hocken, erzeugt dies den Eindruck, dort passiere Wichtiges und notwendige Informationen würden getauscht. Niemand will da außen vor sein, weshalb sich die Menschen weiter von Meeting zu Meeting schleppen. Zoomt man hinein in die einzelnen Veranstaltungen, dann finden sich dort oft politische Ränkespielchen, viel Standpunktverteidigung und Selbstdarstellung, ohne die anderen ausreden zu lassen und ihnen zuzuhören.

Besonders unangenehm sind auch Projektmeetings, in denen alle Arbeitspakete des Projektes durchgesprochen werden inklusive sämtlicher Details, die aber kaum jemanden betreffen. Oder Arbeitsmeetings, in denen mit einer 14 Personen starken Besetzung gemeinsam Folien entwickelt werden und dabei um jeden Begriff gerungen wird. In sogenannten Entscheidungstreffen wird dann doch nichts entschieden, weil eine bestimmte Person nicht am Tisch sitzt. Eines tun all diese Formen der Besprechung auf keinen Fall: etwas bewirken. Das Besprochene bleibt unverbindlich und man geht einfach wieder seiner Wege. Jemand wird noch dazu verdonnert, das Protokoll zu schreiben, was aber – wie schon das Papier zur Vorbereitung – auch niemand liest. Das gleiche Spiel startet beim nächsten Mal von vorne, eventuell mit veränderter Besetzung.

Das ist alles nicht neu und nicht umsonst fluten seit Jahren 5-Punkte-Ratgeber zu diesem Thema die Bücherregale. Zusammengefasst predigen sie alle: klare Agenda, gute Moderation und konkrete Ergebniszusammenfassungen. Warum ändert sich dann aber nichts? Die Ratgeber setzen an den Symptomen an. Bei leichten Fällen von Diarrhö kann das ausreichen. Man nimmt die entsprechenden Medikamente und der Stuhlgang normalisiert sich. Hilft die Behandlung aber nicht oder nur kurzfristig, scheint es sich um eine schwerere, möglicherweise chronische Erkrankung zu handeln, und dann heißt es: Ursachen suchen. Das ist gerade bei der Diarrhö oft kompliziert, da sie sich in der Regel über einen längeren Zeitraum entwickelt und nicht monokausal zu erklären ist. Dieses Problem ist eben nicht an der Oberfläche zu lösen, sondern ein systemisches Problem. Hier zeigt sich nämlich, wie Kollaboration aktuell in einem Unternehmen funktioniert und welchen Stellenwert Kooperation hat. Die viel beschworene Meetingkultur ist ein Symptom. Die Lösung liegt tiefer im System, und auch dort auf mehreren Ebenen.

Pathogenese

Kooperationshemmung

Man muss die Dynamiken in einer Organisation schon eine Weile betrachten, um brauchbare Hypothesen über die Zusammenhänge und Ursächlichkeiten bilden zu können. Als eine tief liegende Ursache diagnostiziere ich verkrüppelte Kooperation und damit beleuchten wir auch an dieser Stelle die Struktur der Organisation. Noch mal, als kurzer Einschub hier: »Struktur« meint im Schwerpunkt die informellen Verabredungen, wie Zusammenarbeit geschieht. Bedingt werden die natürlich auch vom formalen Organisationsaufbau. Mit »verkrüppelter Kooperation« bezeichne ich die Unfähigkeit eines Unternehmens, echte Kooperation zu leben. Ich spreche explizit nicht davon, dass Menschen nicht kooperieren wollen. Das kann für Einzelne wahr sein, aus welchen Motiven auch immer. Sind es aber viele Individuen, die Kooperation maximal an der Oberfläche betreiben, kann es nicht an dem Einzelnen liegen, dann ist es ein Organisationsmuster. In meinem Menschenbild ist der Glaube an den Menschen als kooperationsfreudiges Wesen fest verankert. Wenn dem so ist und kooperatives Miteinander ja auch fortlaufend gefordert wird, wieso funktioniert es nur leidlich – und was hat das mit Meetings zu tun?

Ein Beispiel aus meiner früheren Karriere in der IT-Branche. Viele Jahre habe ich, sehr gerne sogar, für ein Software- und Systemhaus gearbeitet und einen wichtigen Kunden betreut. Gemeinsam mit ihm und gelegentlich weiteren externen Partnern entstanden Lösungsideen, die der Kunde von uns angeboten bekommen wollte. Die Lösungen hätten jeweils eines seiner gravierenden Probleme adressiert und es gleichzeitig uns ermöglicht, technologisch bei den »Frühaufstehern« mitzumischen. So kam ich ein ums andere Mal mit einer tollen Idee in mein Unternehmen und tat diese kund. Sobald ich laut verkündete, was wir Tolles vorhatten, liefen meine Kollegen schnellstmöglich davon und schlossen ihre Tür hinter sich. Die Produktentwicklung erklärte mir regelmäßig, dass sie ausgebucht sei und keine Zeit für Neues einplanen könne. Der Support hatte das Know-how nicht in seinem Fundus und sah auch keine Möglichkeit, Mitarbeitende zu schulen oder die Kompetenz von außen zu bekommen. Das Produktmarketing wiegelte ab, weil es seine Marschrichtung jetzt festgelegt habe und die Lösungsidee da nicht reinpasse.

Dieses Spiel wiederholte sich immer wieder. Und das, obwohl ich die volle Unterstützung eines unserer Geschäftsführer hatte. Unser

Arbeitsklima war grundsätzlich gut, ja geradezu familiär, und wir waren natürlich angehalten, zu kooperieren, weil ja eh der eine Bereich ohne den anderen nicht wirken kann. Ja, ja, schon klar. Erst viel später und in der Rückschau wurde mir bewusst, dass es für alle Beteiligten triftige Gründe gab, die eine echte Kooperation (und eine echte Kundenausrichtung) verhindert haben. Einerseits hatte jeder Bereich seine eigenen Zielvorgaben und jede Führungskraft wurde entsprechend bonifiziert. Damit gab es auf der Strukturebene einen sehr wirksamen Verhinderer. Gleichzeitig war es das Selbstverständnis des Unternehmens, »ein verlässlicher, beständiger Partner zu sein«. Kalkulierbar, bodenständig, zuverlässig, gründlich, alles Aspekte des mentalen Modells. Die passen nicht besonders gut zu Innovationen, schnellen Anpassungen, Überraschungen und Risikobereitschaft. Dies ist nur ein Beispiel für viele strukturelle Kooperationshindernisse.

In Besprechungen können Sie strukturelle Kooperationshindernisse daran erkennen, dass die Menschen hingehen, damit dort ja nichts besprochen oder entschieden wird, was mit ihrem Arbeitsbereich zu tun hat. Das ist aber auch schon alles, was sie beitragen. Wenn das mehrere tun, ist ein Thema bald totgelaufen. Wie bei uns damals die Lösungsideen für meinen Kunden. Besprechungen haben dann nicht den Zweck, Kooperation zu leben, sondern Bereichsgrenzen zu verteidigen, die weniger aus beruflichem Egoismus entstehen als aus den strukturellen Bedingungen des Unternehmens.

Menschen gehen zu Besprechungen, damit dort nichts entschieden wird, was mit ihrem Arbeitsbereich zu tun hat

Vertrauensmangel

Kooperation setzt voraus, dass alle Beteiligten an einem gemeinsamen übergeordneten Ziel arbeiten. Wird in dem Unternehmen jedoch – formell oder informell – das Erreichen der Bereichsziele stärker gewichtet als das übergeordnete Ziel, entsteht eine Konkurrenzsituation, die sich im Kontext von Besprechungen zum Beispiel in Äußerungen wie dieser zeigt. »Nee, da kannst du nicht allein hin gehen. Nimm bitte Susanne und Christoph mit, damit wir dort mit breiter Front vertreten sind. Da müssen wir echt aufpassen.« Es wird aufgerüstet: für eine Besprechung. Nicht selten wird geradezu taktisch überlegt, wie viele Kollegen mit welcher abgestimmten »Message« zu einer Besprechung gehen. Die Intention ist dann längst nicht mehr, mit dem Meeting gemeinsam etwas zu erreichen, im Gegenteil. Es soll verhindert werden, dass »Dinge falsch entschieden werden«. Es könnte ja Entscheidungen geben, die Auswirkungen auf den eigenen Aufgabenbereich haben, und das dürfen auf keinen Fall die anderen machen. Denn die haben bloß ihre eigenen Ziele im Blick und könnten uns übervorteilen. Von dem fehlenden Einblick ins Thema mal ganz abgesehen.

Solche Situationen sind leider nicht selten. Wissen Sie, was die Beteiligten selbst dann meist als Grund für das gegenseitige Beäugen nennen? Die Chemie stimme einfach nicht zwischen Herrn Müller und Frau Meier oder der IT und der Fachseite oder, oder. Reden wir von Einzelereignissen, mag das so sein. Handelt es sich aber um ein Muster in der Organisation, ist die Chemie-Diagnose totaler Quatsch. Wovon es hier zu viel gibt, ist Misstrauen zwischen den Kooperationspartnern. »Aber Frau X oder Herr Y sorgen immer nur dafür, dass ihr Bereich die für sie passenden Aufgaben bekommt. Das ist purer Egoismus.« Beobachten wir Vorgänge und interpretieren das Verhalten des Menschen beispielsweise als egoistisch, sorgt das leicht dafür, dass wir Vertrauen entziehen. Das ist sozusagen die Strafe für den Egotrip.

Zukünftig hetzen wir dann vorsichtshalber in alle möglichen Meetings und passen auf, dass nicht über unseren Kopf hinweg entschieden wird. In einer Organisation entsteht so ein Spiel, das im Laufe der Zeit alle mitspielen: misstrauisch sein – überall teilnehmen – aufpassen. Das Spiel wird ja durchaus erkannt, aber meist folgt dann die Idee, dass es sich »ganz einfach« durch erwachsenes Verhalten der beteiligten Menschen beenden ließe. Meiner Erfahrung nach entsteht das Verhalten, das zu Misstrauen führt, nicht aus den persönlichen Eigenschaften der Beteiligten, sondern aus der Struktur. Gerade in tradierten Organisationen hat jeder Bereich seine Zielvorgaben, und so ist es nur verständlich, dass Mitarbeitende und Führungskräfte bemüht sind, »ihren Kasten sauber zu halten«. Das heißt, sie übernehmen möglichst nur die Aufgaben, die auf ihre Vorgaben einzahlen. Das ergibt doch Sinn und letztendlich handeln die meisten streng danach. In der Zusammenarbeit, gerade interdisziplinär und in Projekten, beschädigt das jedoch das Vertrauen.

Es gibt noch eine zweite Ebene, auf der die Menschen Vertrauen schenken und auch entziehen. Die Organisation als Ganzes kann Vertrauen verspielen. Dann äußern die Mitarbeitenden irgendwann Sätze wie »Ich glaube nicht, dass sich das hier noch mal ändert« oder »Wenn ich nicht in den Meetings bin, verpasse ich womöglich etwas für mich Wichtiges und bekomme Ärger«. Um dem Unternehmen, für das sie arbeiten, zu vertrauen, brauchen sie Verlässlichkeit, und zwar bezüglich der Entscheidungs- und Kommunikationsstrukturen. Damit meine ich nicht kleinschrittige Pläne, die beschreiben, wann wer welches Protokoll an welche Gruppe schickt und wen in CC setzt. Auch kein Projektorganigramm, das zeigt, was wo und von wem unter welchen Bedingungen entschieden wird. Regeln, vor allem sehr detaillierte, dienen nur der Absicherung und meistens hält sich eh kaum einer daran. Regeln sind nicht praktikabel und können eine Schieflage in der Organisation nicht begradigen.

Entscheidungsschwäche und Verantwortungsphobie

Wie oft haben Sie schon in einer Besprechung gesessen, in der eine bestimmte Entscheidung getroffen werden sollte, die aber nicht zustande kam, weil beispielsweise eine wichtige Person nicht anwesend war? Anhaltende Besprechungsdiarrhö entsteht auch dadurch, dass alle wichtigen, notwendigen, beteiligten und tangierten Menschen eingebunden werden sollen und wollen. Schließlich ist es das nominelle Ziel der Zusammenkunft, eine oder mehrere Entscheidungen zu fällen. Der Irrglaube, eine Besprechung sei ein guter Ort für Entscheidungen, kommt, so glaube ich, aus der Idee, dass zusammenarbeiten immer auch gemeinsam entscheiden bedeutet. Zumindest fühlt man sich genötigt, alle möglichen Menschen zu informieren und ihnen wenigstens das Gefühl zu geben, beteiligt zu sein.

Gerade in Projekten beobachte ich häufig, dass eine eigene Entscheidungsstruktur konzipiert wird, die dann in den Projektstatusmeetings gelebt werden soll. Was dabei gerne vergessen wird, ist, wie so oft, die grundsätzliche Struktur der Organisation, die ja auch definiert, wie das mit dem Entscheiden läuft. Die meisten Unternehmen sind in Bezug auf Projekte matrixorganisiert, was in der Folge fast immer bedeutet, dass die Projekte gar nicht wirklich mit Verantwortung und Entscheidungsbefugnis ausgestattet sind. Die wohlformulierte Entscheidungsmatrix trägt höchstens zur Verwirrung bei, entschieden wird nach wie vor in der Linie. Und auch da ist im Regelbetrieb das mit den Entscheidungen selbst für die Mitarbeitenden ein Buch mit sieben Siegeln. Manche Entscheidungen werden im Committee gefällt, manche in der Geschäftsführung, manche in einem Arbeitskreis, manche hinter verschlossenen Türen, manche in der Kaffeeküche, manche haben Bestand, manche nicht. Diese Prozesse sind gleichermaßen intransparent und unzuverlässig. Wie sollen Mitarbeitende da Vertrauen aufbauen, Spaß an eigenverantwortlichem Handeln haben und sich auf die Arbeit konzentrieren?

Wenn ich etwas entscheide, übernehme ich Verantwortung. Eventuell muss ich argumentieren, meinen Standpunkt vertreten. Auch eine jetzt richtige Entscheidung kann morgen unpassend sein. Wie geht die Organisation damit um? Kann ich darauf vertrauen, dass ich entscheiden darf, auch wenn nicht alle einverstanden sind? Sind diese Fragen für die Mitarbeitenden nicht zuverlässig beantwortet, holen sie sich vermeintliche Sicherheit aus vielen Gesprächsrunden mit vielen anderen Menschen. Jeder Einzelne kann sich dort gut verstecken und die Verantwortung wegschieben. Machen das viele, haben wir es wieder mit einem Muster zu tun. Und das erfüllt immer auch einen Zweck. Besprechungsdiarrhö kann am Ende dafür gut sein, keine Verantwortung übernehmen zu müssen. Sie ver- oder behindert Entscheidungen, und das mit gutem Grund.

Behandlung

Selbstverständlich ist es sinnvoll, mit der Behandlung bei den Ursachen der Krankheiten anzusetzen. Das Unternehmen so zu gestalten, dass Kooperation und Vertrauen möglich sind, ist nicht nur im Hinblick auf Besprechungen notwendig. An dieser Stelle schlage ich Ihnen einige Sofortmaßnahmen vor. Die setzen zwar am Symptom an, helfen aber dabei, Ihre Meetingkultur zu entschlacken und zur Ursachenarbeit vorzustoßen.

Fragen wir ganz konkret: Was kann weg?

◆ Übliche Regelmeetings wie Statusmeeting oder Jour fixe: Alle Besprechungen, die eigentlich nur der Verteidigung beziehungsweise Schuldzuweisung dienen, sind verzichtbar. Dort werden keine Erkenntnisse produziert oder Probleme gelöst, es wird dort nicht gearbeitet und deshalb sind sie überflüssig.
◆ Agenda: Jedes Arbeitstreffen braucht ein Thema, aber keine Agenda. Sich an der Agenda entlangzuhangeln, verhindert oftmals Tiefgang und intensiven Diskurs. Gleichzeitig lehnen sich die Teilnehmer entspannt zurück und finden so nur schwer in eine Haltung von »Ich trage etwas bei«.
◆ Laptops und Smartphones: Eine Erläuterung, warum das Weglassen von Sichtschutzlaptops und Ablenkungssmartphones die Aufmerksamkeit der Menschen und damit die Effizienz der Gesprächsrunde verbessert, erspare ich mir an dieser Stelle. Es ist zu offensichtlich.
◆ PowerPoint: Wenn es keinen guten Grund gibt, Folien auf eine Leinwand zu projizieren, lassen Sie es. Informationen, die alle Beteiligten haben müssen, können Sie im Vorfeld als Text verschicken. Wer den nicht gelesen hat, hat Pech gehabt.
◆ Entscheidungen in Meetings: Treffen Sie Entscheidungen dort, wo sie notwendig sind. Und es sollte sie derjenige treffen, der sie am besten treffen kann. Nur weil eine Entscheidung Auswirkungen auf viele Bereiche hat, heißt das nicht, dass sie auch gemeinschaftlich getroffen werden muss.

Meetings nur bei Bedarf

Es muss einen guten Grund geben, warum mehrere Menschen sich zu einem Arbeitstreffen von ihrem eigentlichen Tun loslösen und ihre Zeit in einem Meeting verbringen. Ein konkretes Problem soll gelöst werden, für eine Entscheidung braucht der Entscheider noch andere Sichtweisen oder Input, das Wie der Zusammenarbeit soll reflektiert und verbessert werden und so weiter und so fort. So wie auch Boris Gloger und Dieter Rösner in ihrem Buch *Selbstorganisation braucht Führung* (2017) unterscheide ich drei mögliche Gründe für Arbeitstreffen:

- Erarbeiten
- Informieren
- Synchronisieren

Als Einladender verschicken Sie nicht einfach eine elektronische Terminanfrage mit belanglosem Stichwort in der Betreffzeile, sondern Sie haben einen triftigen Grund – und den formulieren Sie bitte auch. Machen Sie in der Einladung ausführlich genug klar, was das Thema ist, welche Ergebnisse Sie erzielen wollen und was mit dem Ergebnis im Anschluss passiert. Sie haben sich gut überlegt, wen Sie als Gesprächspartner möchten, es bleibt aber eine Einladung. Sie anzunehmen oder abzulehnen, bleibt jedem selbst überlassen.

Das Gesetz der zwei Füße

**Zwei wesentliche Fragen:
Kann ich etwas beitragen?
Kann ich etwas lernen?**

Zunächst einmal ist die Teilnahme an Meetings freiwillig. Man wird eingeladen, das entspricht aber in keinster Weise einer Verpflichtung. Es gibt zwei gute Fragen, die Sie sich stellen können, um eine Entscheidung pro oder kontra Teilnahme zu finden: Kann ich etwas zum Thema beitragen? Kann ich etwas lernen? Wenn Sie sich denn entscheiden teilzunehmen, gilt auch im Meeting das Gesetz der zwei Füße, das heißt, Sie können zu jedem Zeitpunkt die Veranstaltung verlassen, wenn Sie sich dort nicht richtig aufgehoben fühlen. Sie sind nicht dazu verdonnert, bis zum bitteren Ende durchzuhalten, im Gegenteil.

Zeitrahmen und Disziplin

Je offener das Format Ihrer Meetings, desto höher der Grad der Selbststeuerung durch die Teilnehmenden. Damit Selbststeuerung zielgerichtet gelingt, braucht es die Disziplin aller. Das heißt: Der Zeitrahmen wird eingehalten, die Diskussion bleibt nah am Thema, es wird fokussiert und konstruktiv miteinander gearbeitet. Aus der heute verbreiteten Haltung »Ich lehne mich zurück und lass mich berieseln« wird wieder eine teilnehmende, beitragende Haltung. In Organisationen, die jahrelang unter Besprechungsdiarrhö litten, kann es eine Zeit dauern, bis diese andere Form von Besprechung geschmeidig läuft.

In den Dialog kommen

Wenn wir ab heute Meetings als echte Arbeitstreffen gestalten und ein Thema intensiv erarbeiten wollen, dann braucht es statt zementierter Standpunkte die Offenheit für anderes und Neues. Eine Haltung, die Neugier auf die Sichtweisen der anderen bedeutet und gleichzeitig aufmerksam auf die eigenen Denkmuster schaut, ist wichtig, um gemeinsames Denken zu ermöglichen. Eine solche Haltung ist der Dialog. Wenn auch oft als Methode bezeichnet, ist der Dialog viel mehr als das. Es braucht eine gemeinsame Basis, eine dialogische Haltung der Beteiligten, damit diese Art des Gesprächs gelingt.

»Kernfähigkeiten« im Dialog sind (nach Höher 2018):

- »Die Haltung eines Lerners verkörpern«: neugierig erforschen wollen, was die anderen denken, wahrnehmen, passende Fragen finden
- »Radikaler Respekt«: gegenüber den anderen und mir selbst, achtsam sein für Gefühle, Grenzen, Möglichkeiten

- ♦ »Offenheit«: alte, lieb gewonnene Denkmuster infrage stellen und neue Ideen und Sichtweisen probieren
- ♦ »Von Herzen sprechen«: ehrlich, aufrichtig, kurz und prägnant das Wichtige und Relevante aussprechen
- ♦ »Zuhören«: zuhören, um zu verstehen und zu lernen
- ♦ »Verlangsamung«: ohne Tempodruck auch Pausen aushalten
- ♦ »Annahmen und Bewertungen in der Schwebe halten«: den eigenen inneren Dialog beobachten und anhalten, Unsicherheit und Nichtwissen aushalten
- ♦ »Produktives Plädieren«: mitteilen, wie die eigene Bewertung zustande kommt, was die eigenen Motive und Hintergründe sind
- ♦ »Eine erkundende Haltung üben«: nachfragen, um zu erforschen, und nicht, um die passenden Gegenargumente zu liefern
- ♦ »Den Beobachter beobachten«: auf mich selbst achten und wahrnehmen, was geschieht, im Körper, in den Gedanken und Gefühlen

Persönlich habe ich gute Erfahrungen damit gemacht, die dialogische Arbeit im Stuhlkreis zu machen. Räumen Sie die Tische ruhig mal zur Seite und begegnen Sie sich vollständig in einem solchen Kreis. Viele Gruppen stellen oder legen einen Gegenstand (Blumenstrauß, Symbol, Kerze oder Ähnliches) in die Mitte. Sie können darauf aber auch verzichten. Wichtig ist, gerade wenn diese Intervention noch ungewohnt ist, dass jemand auf die Einhaltung der Grundsätze achtet. Folgender Prozess hat sich bewährt:

- ♦ Kurze Erläuterung der dialogischen Arbeit (wenn nötig)
- ♦ Einstieg in die Dialogrunde über eine Kernthese, eine Geschichte, eine Fragestellung, ein Video oder Ähnliches
- ♦ Check-in: jeder, der möchte, spricht der Reihe nach
- ♦ Dialogphase: geprägt von aufmerksamem Zuhören und eigenen Beiträgen von Relevanz
- ♦ Check-out: schließt durch konkrete Fragestellungen wie beispielsweise »Welchen Impuls greifst du für deinen Alltag hier auf?« den Dialog ab
- ♦ Gemeinsame Reflexion des Dialogs auf der Metaebene

Ich selbst durfte immer wieder erleben, dass auch Teams, die zunächst größte Bedenken gegenüber dieser »esoterischen« Diskussionsweise geäußert hatten, rückblickend begeistert waren. O-Ton: »Ich habe in sehr, sehr kurzer Zeit unglaublich viel über die Sichtweisen meiner Kollegen und das Thema gelernt.«

Wirkung

Disziplin

Gestalten Sie Ihre Meetings nach den vorgeschlagenen Prinzipien, werden Sie und alle Beteiligten diszipliniert arbeiten müssen, damit der Umstieg gelingt. Das hat viel mit Eigenverantwortung zu tun, geht aber über das reine Entscheiden, ob ich hingehe oder nicht, hinaus. Um die Verabredungen, wie Sie miteinander arbeiten wollen, auch einzuhalten, wird es hin und wieder gegenseitige Erinnerungen brauchen. Immer mal wieder wird jemand in alte Muster zurückfallen; es dauert eine Weile, bis das Neue in Fleisch und Blut übergeht. Jeder ist in der Verantwortung für das gemeinsame Gelingen. Das ist anstrengend; im Meeting Sportergebnisse checken war bequemer, als den Kollegen intensiv zuzuhören. Eine Verabredung, sich gegenseitig zu erinnern und diszipliniert miteinander zu arbeiten, ist unbedingt notwendig.

Eigenverantwortung

Eigenverantwortung ist mehr als nur die Frage nach einer Besprechungsteilnahme. Denn eines ist klar: Bin ich eingeladen, gehe aber nicht hin, findet der Arbeitskreis eben vollumfänglich ohne mich statt. Auch die Verantwortung muss ich tragen. Zudem stellt sich die Frage nach der Kommunikationsstruktur hier wieder. Wenn Regelmeetings, die die Teilnehmer kontinuierlich mit Informationen versorgt haben, nicht mehr stattfinden, entsteht eine Holschuld des

Einzelnen. Wenn ich bestimmte Informationen benötige, muss ich sie mir eben besorgen. Organisationen, die die Besprechungsdiarrhö und die damit verbundenen Spiele beendet haben, stellen üblicherweise gezielt eine höhere Transparenz her und gehen freier mit Informationen und der Verteilung um.

Medikamenten-missbrauch

Auf der Suche nach dem Wundermittel

Der umgangssprachliche Begriff »Medikamentenmissbrauch« bezeichnet laut Wikipedia »die nicht bestimmungsgemäße Einnahme von Arzneimitteln« oder anderen Substanzen. »Für die Einnahme dieser Mittel besteht entweder keine medizinische Notwendigkeit oder sie werden häufiger und / oder in höheren Dosierungen als geboten eingenommen«, um (vermeintlich) eine kurzfristige Linderung der Beschwerden zu schaffen. »Betroffene Personen können ein starkes Verlangen nach der Substanz haben und teilweise trotz eintretender Schäden auf einer weiteren Einnahme bestehen.«

Das, was so für Menschen gilt, ist leicht auf Organisationen übertragbar. Der ewige Ruf nach Effizienz und schnellen Lösungen lässt die Verantwortlichen zu vermeintlichen Wundermitteln greifen. Dabei wäre es gut, zu wissen, welches Medikament man bei welchen Symptomen einnehmen sollte. In vielen Organisationen aber wird fröhlich eingenommen und inhaliert, ob es wirkt und sinnvoll ist oder auch nicht. Ich wette darauf, dass auch im Medizinschrank Ihres Unternehmens viele der folgenden Medikamente zu finden sind. Jede Organisation verordnet und konsumiert täglich Unmengen sinnloser Pillen, Dragees und Tropfen. Immer im festen Glauben, damit grundlegende Arbeit zu leisten, was aber leider ein Trugschluss bleibt.

Führungskräfteentwicklung in der Dunkelkammer

Führungskräfteentwicklungsprogramme zählen dabei zu den Klassikern. Das Wort ist in etwa so lang wie die Maßnahme unwirksam. Der Missbrauch beginnt an der Stelle, an der die Personalentwicklung in Rückkopplung mit dem Management einen Führungsstil als »unseren« ausruft. Auf den vorderen Plätzen liegen nach wie vor transformationale und transaktionale Führung, umschmeichelt von den aus jeweils aktuellem Anlass zusammengestellten Begrifflichkeiten der partizipativen, digitalen oder empathischen Führung. Passend zu »unserem« Führungsverständnis werden die entsprechenden Leitbilder formuliert und dann die Führungskräfte entsprechend geschult.

Die Idee dahinter ist die von der einheitlichen Führungskultur. Eine kleine Gruppe Menschen beschließt also, welche Führung für eine gesamte Organisation die richtige ist. Und das meist noch unter der Leitfrage, was denn die Menschen wohl so am ehesten brauchen, um gut zu funktionieren. Gleichzeitig soll sich dann jede Führungskraft danach ausrichten, egal, was sie wohl am ehesten braucht. Von den konkreten Situationen und Problemen mal ganz abgesehen, denn dass verschiedene Kontexte unterschiedliche Führung brauchen, wird gerne vollständig übersehen. Aber es gibt doch auch situative Führung, mögen Sie anmerken. Ja, und auch diese Modelle beziehen sich auf die Individuen, beispielsweise über den Reifegrad des Mitarbeitenden oder die Beziehung zwischen Vorgesetzten und Mitarbeitenden. Im Klartext: In Führungskräfteentwicklungsprogrammen wird »unser« Führungsstil für alle verbindlich gelehrt. Es lebe die Gleichmacherei. Vor allem in Zeiten, in denen gleichzeitig Mut, Querdenken und Individualismus gefordert werden.

Mit der gelebten Realität hat der offizielle Führungsstil meist wenig zu tun

Egal, welcher Stil von Führung im jeweiligen Unternehmen verkündet wird, mit der gelebten Realität hat er meist wenig zu tun. »Wir leben hier partizipative Führung«, schallt es durch die Großraumbüros, wenn man die Führungskräfte nach ihrem Ansatz fragt. Schaut man aber hin und beobachtet, wie sie tatsächlich mit Mitarbeitenden, Situationen, Entscheidungen umgehen, wird schnell klar, dass Wunsch und Wirklichkeit weit auseinanderklaffen. Der populärste Führungsansatz, der aber offiziell nicht mehr benannt werden darf, lautet nach wie vor »Command and Control«. Abgesehen davon, dass dies die Führungskräfte in eine fortlaufende Ambivalenz von Erwartung und Umsetzung versetzt (siehe Kapitel »Führungsschizophrenie«), wird hier mehr als deutlich, dass ein falsches Medikament verabreicht wurde.

One-size-fits-all-Programme, die Menschen beibringen, auf welche Art und mit welchem Ansatz sie mit anderen Menschen umgehen sollen, führen die Idee von Führung ad absurdum. Führung in sozialen Systemen ist weder an einen konkreten einzelnen Menschen gekoppelt, noch geht es darum, ein »Individuum zu etwas Bestimmtem zu bringen«. Führung ist dazu da, die Bedingungen zu schaffen, damit Mitarbeitende (wozu die Führungskraft übrigens auch zählt) ihre Arbeit bestmöglich machen können.

Damit jeder Einzelne »funktioniert« ...

Programme, die Führungskräfte durchlaufen, sind ein Teil der Medikamentenausgabe, der unter dem Label Personalentwicklung steht. Auch Nichtführungskräfte werden »entwickelt«, manchmal auch ein ganzes Team. Jeder Mitarbeitende bekommt die Trainings, Seminare und Maßnahmen, die er braucht, um ... ja, um was denn? Zu funktionieren, lautet die ehrliche Antwort. Der Entwicklungsbedarf des Einzelnen wird im Jahres- oder Mitarbeiterbeurteilungsgespräch mit oder besser von dem Vorgesetzten ermittelt. »Ich sehe bei Ihnen Entwicklungspotenzial im Bereich der Konfliktfähigkeit« oder so ähnlich lauten die vorüberlegten Bewertungen. Die Lösung: ein Konfliktseminar beim Standardseminaranbieter, mit dem man seit Jahrzehnten schon alle Trainingsbedarfe umsetzt. Der Mitarbeitende soll eine Fähigkeit entwickeln oder erweitern, von der er vielleicht, sein Vorgesetzter aber sicher glaubt, dass sie notwendig für ihn sei. Auf die Idee, dass Konflikte in der Organisation grundsätzlich ausgesessen oder unter den Teppich gekehrt werden und die neu erworbene Kompetenz, Konflikte zu benennen, ebensolche produziert, woraufhin diese auch gleich wieder beiseite gewischt werden, kommt niemand. Leider hält sich die absurde Idee, dass das große Ganze bestens funktioniere, wenn man die einzelnen Menschen nur richtig und ausreichend entwickelt, hartnäckig.

Auch Teams sind vor Entwicklungsmaßnahmen nicht gefeit. Startet ein neues Projekt, bekommt die ganze Mannschaft erst einmal eine Teamentwicklungsmaßnahme. Aber nicht etwa nach Rücksprache mit den Beteiligten, sondern prophylaktisch. Das Wirgefühl gleich zu Beginn der Zusammenarbeit zu stärken, ist oft das Motiv, und das ist ja sehr nobel. Nur leider funktioniert Wirgefühl nicht in einer linearen Ursache-Wirkungs-Kette, die in jedem Kontext für jedes Team gleich ist. Und so stoßen diese nach dem Gießkannenprinzip verteilten Events meist nur unter dem Aspekt des Spaßfaktors auf Begeisterung. Vom Unternehmen bezahltes Kart-Fahren mit anschließendem XXL-Burger-Essen nimmt man gerne mit. Wirkung? Fehlanzeige.

Eine konkrete Personalentwicklungsmaßnahme, die seit Jahren boomt, ist das Coaching. Es fällt genauso unter Medikamentenmissbrauch wie standardisierte Seminare, denn es wird zu beliebig, zu großflächig und zu absichtsvoll eingesetzt. Und ja, ich bin selbst Coach und nehme ab und an auch noch Mandate an, sehr ausgewählte allerdings. Im Unternehmenskontext ist das sogenannte Auftragscoaching meist bloß ein Abwälzen von Führungsverantwortung auf einen Coach. Ein Mitarbeitender »performt« nicht gut genug, im Team gibt es einen Konflikt, eine Führungskraft hält sich nicht an die Leitlinien. Ein Coaching soll es heilen, aber bitte im vorgegebenen Rahmen von so und so viel Coachingsitzungen. Der Coachee sitzt dann während der Auftragsklärung schon leicht beschämt am Tisch und fragt sich, wie er aus dem Schlamassel schnellstmöglich wieder rauskommt, während seine Führungskraft und ein Vertreter der Personalentwicklung mit dem Coach die Fragestellungen für die Zusammenarbeit möglichst globalgalaktisch formulieren. Die meisten Anlässe für diese Auftragscoachings fallen in die Zuständigkeit des jeweiligen Teams und der jeweiligen Führungskraft. Hier müssen die Probleme gelöst werden, nicht außerhalb.

»Ist der Mitarbeitende glücklich, freut sich der Chef«

Aber es geht selbstverständlich noch absurder. Die Krönung der falschen Medikation ist das Feelgood-Management. Sie wissen nicht, was das ist? Ich kläre Sie gerne auf. Der »Chief Happiness Officer«, wie er im englischsprachigen Raum genannt wird, sorgt dafür, dass die Mitarbeitenden mit einem Lächeln auf den Lippen zur Arbeit kommen. Er, meistens jedoch sie, kümmert sich um ein Klima des Wohlbefindens und der konstruktiven Zusammenarbeit; er oder sie organisiert Events, Meetings der besonderen Art und tut alles, was die Mitarbeitenden brauchen, um glücklich zu sein.

Wenn Sie gerade denken, dass ich übertreibe: Nein, tue ich leider nicht. Als diese Modewelle vor einigen Jahren nach Europa schwappte, kursierten Berichte über erste Erfahrungen mit Feelgood-Management in deutschen Unternehmen. Auf die Frage, was so ein Manager denn ganz konkret mache, gab es unter anderem die Antwort, er gehe durch die Büros und zähle, wie viel gelächelt wird. Vom Lächeln ließe sich schließlich rückschließen, wie zufrieden die Mitarbeitenden an ihren Arbeitsplätzen seien. Einige Firmen gehen sogar so weit zu behaupten, der Feelgood-Manager gestalte eine ganze Wohlfühlkultur für die Organisation. Der Anspruch ist vom Größenwahn nicht mehr weit entfernt.

Eigentlich überflüssig, zu erwähnen, dass es längst einen Berufsverband für Feelgood-Management gibt und man sich in Fernkursen ausbilden lassen kann. Ich persönlich vermute, dass dieses Berufsfeld entstanden ist, als klar wurde, dass der wöchentliche kostenlose Apfel im Rahmen des betrieblichen Gesundheitsmanagements nicht ausreicht, um die uneingeschränkte Arbeitskraft der Menschen zu sichern. Sollte Ihnen aber »Feelgood-Manager« als Titel nicht gefallen, empfehle ich Ihnen die neue Ausbildung zum zertifizierten Stimmungsarchitekten. Sie lernen an zwölf Samstagen Tools zu Charakteranalysen und Analysen der Fluktuationsneigung kennen und lernen, wie Sie Lach-Yoga stimmungsaufhellend in Ihrer Organisation einsetzen können. Mittlerweile warte ich auf die Gegenbewegung, die ihr Geld damit verdient, schlechte Laune zu verbreiten, weil verärgerte Mitarbeitende ein höheres Potenzial an Energie aufweisen. Kann nicht mehr lange dauern.

Dabei ist es längst an der Zeit, sich ernsthaft mit folgender Frage auseinanderzusetzen: Wenn die Arbeit unsere Mitarbeitenden krank macht, was müssen wir dann an der Arbeit ändern, und zwar auf der strukturellen Ebene?

Projekt heilt Tool heilt Menschen

Frei nach dem Motto »Wenn du nicht mehr weiterweißt, gründe einen Arbeitskreis« hilft ein Projekt ja bekanntlich immer, für und gegen alles. Vor einiger Zeit wurde ich als Begleiterin für ein Innovationsprojekt angefragt. Die Geschäftsführung des rund 600 Mitarbeiter und Mitarbeiterinnen starken Unternehmens hatte beschlossen, dass die guten Ideen in den Köpfen der Mitarbeitenden nun extrahiert werden sollten, und zwar mittels eines Innovationsmanagementprojektes. Das Team war schon benannt und die ersten Schritte waren in Form von Workshops mit ausgewählten Mitarbeitenden bereits festgelegt. Mich wollte man als Moderatorin des Prozesses gewinnen.

Ich stellte im Erstgespräch viele Fragen, und so ergab sich folgendes Bild: Seit vielen Jahren gibt es ein betriebliches Vorschlagswesen in dem Unternehmen, das kaum genutzt wird. Es liegt in der Verantwortung eines Fachbereiches, und wenn Vorschläge aus anderen Bereichen eingereicht wurden, hat man diese eher stiefmütterlich behandelt. Gleichzeitig haben auch die jeweiligen Führungskräfte immer gleich ihr »Urteil« abgegeben. Schließlich haben die Mitarbeitenden irgendwann aufgehört, überhaupt noch Ideen zu äußern, geschweige denn in das Tool einzupflegen.

Um den Ideenfluss wieder sprudeln zu lassen, sollen nun in Workshops mit Mitarbeitenden deren Ideen formuliert und visualisiert werden. Die vielversprechendste wird dann ausgewählt, umgesetzt und gefeiert. Eine Art Award für gute Ideen soll es zukünftig auch geben. So lernen dann die anderen Mitarbeitenden, dass Ideenhaben erwünscht ist und sich damit Anerkennung finden lässt.

Warum werden die Workshops nur mit ganz wenigen Mitarbeitenden gemacht? Weil man ja nicht gleich die ganze Belegschaft verrückt machen will und viele ja gar nicht wollen. Also braucht es ein paar Vorreiter. Warum sind die Führungskräfte nicht beteiligt? Damit die Ideen nicht gleich zunichtegemacht werden und die Mitarbeitenden sich trauen, etwas beizutragen. Glauben Sie, dass dieses Projekt Erfolg haben wird? Wir sind selbst nicht sicher, aber die Geschäftsführung macht Druck, denn sie will jetzt Ergebnisse sehen.

So oder ähnlich läuft es nicht nur manchmal, sondern oft. Bringt eine Maßnahme nicht den gewünschten Erfolg, wird eine neue darübergestülpt. Genaues Hinschauen? Keine Zeit (vermeintlich).

Change-Management im Tal der Tränen

Neulich durfte ich Teil eines Kongresses zur Zukunft der Arbeit sein. Eine Podiumsdiskussion drehte sich dabei um Veränderungen und die Frage, wie man am besten mit ihnen umgehe. Auf der Bühne hatten Menschen aus Forschung und Praxis Platz genommen. Mit Beginn der Diskussion flogen die seit Jahren populären Phrasen durch den Raum, weder definiert noch hinterfragt: »Man muss die Mitarbeitenden mitnehmen.« Und: »Mitarbeitende müssen früh eingebunden werden.« Oder: »Ängste müssen abgebaut und genommen werden.« Und schließlich: »Seit vielen Jahren wissen wir doch ganz genau, wie ein Change verläuft, wir müssen es nur richtig umsetzen.« Den Rest der Unterhaltung können Sie sich sicher denken.

Seit es die Idee der Gefühlskurve in Change-Projekten gibt, hält sich auch die Meinung, dass Mitarbeitende mehr oder weniger grundsätzlich gegen Veränderung seien. Aus Angst vor Bedeutungs- oder Arbeitsplatzverlust verweigern sie sich, machen nur halbherzig mit oder nörgeln zumindest reichlich. Diese Vorstellung ist in vielen

Organisationen zu einem Glaubenssatz geworden, der nicht mehr infrage gestellt wird. Wir gehen also immer davon aus, dass es Widerstand der Mitarbeitenden gibt. Gesprochen wird, wie auch in der Podiumsdiskussion, von einem »Wir« und von den Mitarbeitenden. Sprachlich wird damit eine Distanz zu den Mitarbeitenden aufgebaut. Es geht ja schließlich auch darum, sie mitzunehmen. Aber was ist denn mit denen, die da sprechen? Ich erlebe häufig, dass das Management eine Veränderung möchte, aber selbst bitte außen vor bleiben will. Frei nach dem Motto: Die Organisation muss sich verändern, wir wollen so bleiben, wie wir sind. Wenn man dann gleich zu Anfang befürchtet, dass viele Menschen nicht mitmachen wollen, prophylaktisch sozusagen, dann kann man so immerfort die Verantwortung von sich weisen. Ein ebenso netter Versuch wie der, eine Veränderung als Projekt zu handhaben, vor allem wenn es sich um Organisationsthemen handelt.

So wie Projekte in vielen Unternehmen behandelt werden, nämlich stiefmütterlich, ist dann auch gleich die Verantwortung schön weit weg vom Management. Und es glaubt ja auch fast jeder, dass das Problem immer bei den Mitarbeitenden und in den Projekten liegt, erstaunlicherweise sogar die Mitarbeitenden selbst. Jahrzehntelange Predigten zum Change-Management haben ihre Wirkung entfaltet. Dazu gehört auch der Gedanke, dass Veränderung immer Schmerz und das Durchschreiten eines Tals der Tränen bedeutet. Ach ja, und dass es viel zu viele Veränderungen in den Organisationen gibt. Für alle möglichen Veränderungen werden also Change-Projekte initiiert, die mit der Metapher eines langen, beschwerlichen Wegs daherkommen und Widerstand und Unwilligkeit bei Mitarbeitenden unterstellen. Keine schöne Vorstellung, oder? Und trotzdem hält sie sich seit vielen Jahren, ohne dass sie hinterfragt würde.

Pathogenese

»Wenn alle Zahnräder geölt sind und ineinandergreifen, läuft auch die Maschine rund«

Das Bild von der Organisation als einer großen Maschine hält sich seit vielen Jahrzehnten hartnäckig in den Köpfen der Menschen. Sie selbst sind die Zahnräder, im eigenen Wirkungsverständnis auch gerne Zahnrädchen genannt. Die Idee dahinter: Wenn alle Zahnräder richtig positioniert und aufeinander abgestimmt sind, läuft die ganze Maschine perfekt. Leider passt das Maschinenbild ganz und gar nicht zu Organisationen, denn diese sind soziale Systeme. Wenn unbedingt ein Bild bemüht werden soll, dann eher das eines Ameisenhaufens, denn der Aspekt der Lebendigkeit und Anpassungsfähigkeit ist essenziell.

Der dem Maschinen-Bild zugrunde liegende Glaubenssatz lautet also: Wenn die einzelnen Menschen optimiert funktionieren, sind wir auch als Unternehmen effizient und wirtschaftlich erfolgreich. Das ist die Maxime, die dann den Einsatz von Maßnahmen, Projekten und Instrumenten bestimmt. Kein Wunder also, dass die oben beschriebenen Medikamente alle darauf zielen, die Einzelnen zu »heilen«. Was im Organisationskontext ja meist bedeutet, sie sollen funktionieren und dabei total motiviert sein. Zu dem Bild gehört auch die Überzeugung, dass so auch sehr große Maschinen mit einer Erfolgsgarantie ausgestattet werden können. Sie müssen nur so weit in Klein- und Einzelteile zerlegt werden, dass sich die einzelnen Rädchen erkennen und bearbeiten lassen. Aus diesem Grund werden Organisationen immer noch klassisch in Bereiche, Abteilungen und Teams geschnitten. Projekte werden runtergebrochen in Teilprojekte und Arbeitspakete, die dann Verantwortlichen zugewiesen und kontrolliert werden können. Wenn nur die Zahnrädchen geölt sind und ineinandergreifen, dann …

Meiner Einschätzung nach ist diese veraltete Metapher ein Überbleibsel aus dem Industriezeitalter, das wir immer noch mitschlep-

pen. Als um 1914 Henry Ford die Fließbandproduktion einführte, nutzte er das tayloristische Prinzip, um die Abläufe bei der Fabrikation von Fahrzeugen des Modells Ford-T so effizient wie möglich zu gestalten. Die Arbeit wurde in kleine messbare Arbeitsschritte zerlegt und der »optimale« Ablauf bestimmt. Da pro Arbeitsschritt nur noch wenige Handgriffe notwendig waren, konnten auch einfachere Arbeiter zu niedrigeren Löhnen eingesetzt werden. Das Denken wurde so aus der Produktionshalle verbannt. Die einzelnen Arbeitsschritte wurden zunehmend stupide, dafür aber hocheffizient.

Mit der Massenproduktion kam die Idee der unbedingten Effizienz von Arbeit auf, welche bis heute in vielen Unternehmen als oberste Maxime gilt. Mit der Stoppuhr fand sich der beste Weg eines produzierten Teiles zur nächsten Station und selbstverständlich saß der passendste Arbeiter für die Aufgabe auf genau der Position. Diese Art der Produktion hat rein gar nichts mit Entfaltung von Potenzialen oder Begeisterung für den Job zu tun, ging es doch lediglich darum, viel, schnell und günstig zu produzieren. Arbeiter und Maschinen waren in der Tat wie Zahnräder in einer großen Apparatur und griffen perfekt ineinander. Lässt man die menschlichen Aspekte wie Motivation, Sinn oder auch Spaß außen vor, dann ist diese Form der Arbeitsteilung gestern wie heute sinnvoll. Aber auch nur unter bestimmten Bedingungen:

- Herstellung hoher Stückzahlen
- Zunehmende Fertigungstiefe
- Gering qualifizierte Mitarbeitende
- Geringe Produktdifferenzierung

Ein ganz wichtiger Aspekt in den Zeiten des Fordismus war die Wechselwirkung mit dem Markt. Mit zunehmender Stupidität der Tätigkeiten sank die Zufriedenheit der Arbeiter und die Fluktuation stieg an. Um die Mitarbeitenden zu halten, wurden die Löhne erhöht, was zu mehr Kaufkraft und Konsum führte. Gleichzeitig war eine Idee von Ford, dass jeder Arbeiter sich ein Auto leisten können sollte. Dementsprechend war der Preis für einen Ford-T gestaltet. Ford erzeugte so letztendlich Wirkung auf den Markt, er gestaltete ihn mit. Das war jedoch nur für einen gewissen Zeitraum möglich, es funktionierte für standardisierte Güter wie Kühlschränke, Radios und Ähnliches auch außerhalb der Autoproduktion gut. Die Grenzen des Fordismus wurden in den 1960er-Jahren mit der Auslagerung von Fertigungen in Niedriglohnländer mehr als deutlich. Aber auch diese sogenannten verlängerten Werkbänke waren nicht dauerhaft eine Lösung, sondern vielmehr das Symptom des Wandels. Steigende Frustration bei den Arbeitern in diesen Fertigungsbetrieben, mangelnde Flexibilität in den Abläufen, kaum Anpassungsfähigkeit an zunehmend individuellere Kundenwünsche, Umweltverschmutzung und Co. läuteten laut und deutlich das Ende der auf Effizienz gedrillten Arbeit nach der Devise »Nur die vorgegebenen Handgriffe ausführen, nicht denken« ein.

Wir leben schon lange nicht mehr im Industriezeitalter, sondern in Zeiten der Digitalisierung, Individualisierung und trotzdem ist das Bild der Maschine mit ihren menschlichen Zahnrädern immer noch präsent. Wenn doch nur jeder Einzelne sich an die Prozesse, Vorgaben und Verfahren hielte, dann liefe es wie geschmiert. Und wenn es mal nicht rundläuft, Fehler passieren, KPIs nicht stimmen, liegt es an dem oder den Einzelnen. Denkfehler! Wenn Sie, lieber Leser und liebe Leserin, jetzt im Kopf einige Situationen durchgehen, sind darunter bestimmt auch solche, in denen Ihre Diagnose ganz klar »diese eine Person« im Visier hat, richtig? Das begegnet mir immer wieder, meist eingeleitet mit dem Standardsatz »Ja, aber es gibt doch Mitarbeitende, die …«. Sind das Einzelfälle? Wenn ja, sind sie kein Problem, und Sie sollten nicht zu viel Energie darauf verschwenden, den oder die Einzelne »ins Glied zu holen«. Sind es viele? Dann ist das ein klares Zeichen, dass es nicht an der Persönlichkeit der einzelnen Menschen liegen kann, sondern an den Bedingungen des Systems.

Das Schöne an bewährten Denkvorlagen ist ja, dass sie vermeintlich schnell zu Lösungen führen. Aber eben nur vermeintlich. Allen Führungskräften das Leitbild noch einmal einzuimpfen, damit in der nächsten Mitarbeiterbefragung bessere Ergebnisse rauskommen, zeigt zwar Aktionismus, aber leider auch kurzfristiges lineares Denken mit wenig Aussicht auf nachhaltigen Erfolg. Es ist die weitere Einnahme einer Substanz, die nur vermeintlich Linderung verschafft. Wenn Sie wirklich wissen wollen, warum viele Mitarbeitende nicht zufrieden sind, müssen Sie schon hinschauen, und zwar genau.

Keine Zeit für Ursachenforschung, aber Symptome behandeln?

»Für zeitraubende Beobachtungen und Analysen haben wir keine Zeit« – das ist die handelsübliche Ausrede an dieser Stelle. Meine Antwort: Fein, dann setzen Sie einfach weiter Maßnahme für Maßnahme auf, um immer wiederkehrende Probleme zu bearbeiten. Am Ende kostet Sie das mehr Zeit, als ein Problem ursächlich zu betrachten und die passenden Maßnahmen zu initiieren. Es ist meistens nämlich gar keine Frage der Zeit, sondern des Denkens.

Und das lässt sich trainieren. Viel zu oft wird nur an den Symptomen gearbeitet. Dabei ist völlig offensichtlich, dass mehr dahintersteckt. Meiner Erfahrung nach ist aber auch diese Fokussierung auf die Symptombearbeitung selbst nur ein Symptom, hinter dem mehr steckt. Denn rational zu erklären ist es nicht, warum viele Menschen sofort auf ein Symptom anspringen, statt in Ruhe auf die Wechselwirkungen, Abhängigkeiten und möglichen Ursachen zu schauen. Meine Top Three der zugrunde liegenden Motive:

- Mangelndes Systemverständnis: Das ist keine Krankheit im eigentlichen Sinne, vielmehr eine Mangelerscheinung und kann mit einer Gabe »komplexen Denkens« behoben werden, mehr dazu im Kapitel »Vorsorge«.
- Verantwortungsschieberitis: Das Spiel mit den Symptomen ist ein Spiel mit Verantwortung, die niemand so recht haben mag, außer im Erfolgsfall. Da der aber nicht garantiert ist, wird sie lieber aus dem eigenen Wirkungsbereich wegdelegiert. Vermeintlich schnell und clever wird beschlossen, dass Teilprojektleiter Schmitz gefälligst eigenverantwortlich für die Zulieferung durch die anderen Abteilungen sorgen soll. Wieso, weshalb und warum es immer wieder zu Verzögerungen kommt? Egal. Die Geschäftsführung will eine »bessere Kultur der Zusammenarbeit« und beauftragt die Personalentwicklung damit, Kulturworkshops zu initiieren und sie über den Fortschritt zu informieren. Eigene Beteiligung und die Suche nach Erkenntnissen, an was es denn überhaupt mangelt? Fehlanzeige. All solche Maßnahmen und die damit abgeschobene Verantwortung sorgen zunächst mal für eines, nämlich für Zeit zum Verschnaufen. Es wird ja was getan. Am besten woanders, von wem anders und mit wem anders. Dann ist im Falle des Nichterfolgs auch die Schuldfrage leicht zu klären. Das klingt jetzt so, als schiebe ich das niederen Beweggründen der handelnden Personen zu? Mitnichten, das sind lediglich Beobachtungen. Und ich weiß aus eigener Erfahrung, wie verführerisch es ist, auf Ereignisse mit Sofortmaßnahmen zu reagieren, denn es fühlt sich an wie eine schnelle Problemlösung unter hohem Entscheidungsdruck.

◆ Mehr vom Gleichen: Sofortmaßnahmen lindern die Symptome und für eine Zeit scheint das Problem gemildert oder sogar gelöst. Das genau ist das Problem mit dem Medikamentenmissbrauch. Doch das Problem macht sich erneut bemerkbar und dann grätscht uns Menschen noch ein typischer Denkfehler hinein: Wir haben ja schon eine Lösung, die funktioniert, und so neigen wir dazu, erneut auf diese Strategie zurückzugreifen, eventuell mit mehr Nachdruck. »Der Teilprojektleiter Schmitz muss jetzt aber auch mal Dampf machen.« Und: »Sie von der PE müssen die Führungskräfte antreiben, damit sich jetzt bald mal was tut.« Taucht das Problem beziehungsweise Symptom ein zweites Mal auf, fragen wir uns zuerst, wie wir beim letzten Mal entschieden haben, statt grundlegend darüber nachzudenken. Die frühere Entscheidung wird nicht validiert, sondern ziemlich stumpf einfach wiederholt. Dan Ariely hat dieses Phänomen in seinem Buch *Denken hilft zwar, nützt aber nichts* (2015) ausführlich dargestellt.

Die Herausforderung liegt also auf mehreren Ebenen. Als Führungskraft oder Managende müssen wir unsere individuellen Denkmuster im Blick haben und gleichzeitig darauf achten, ob es sich um ein Symptom oder das tiefer liegende Problem handelt.

Behandlung

Am System arbeiten, nicht im System

Ersetzen Sie operative Hektik durch achtsame Gestaltung der Rahmenbedingungen. Kümmern Sie sich also nicht mehr ausnahmslos darum, ob und wie die einzelnen Menschen »funktionieren«, sondern schaffen Sie optimale Bedingungen für erfolgreiches Arbeiten. Das klingt trivialer, als es ist, denn es bedeutet ein vollständiges Umdenken. Wenn nämlich keine zentrale Stelle mehr Führungskräfteprogramme entwickelt, wie sollen die Damen und Herren Führungskräfte zu ihrer Qualifikation kommen und »richtig« führen? Statt alle auf einen Stil zu trainieren, schaffen Sie Zeit und Raum für den entsprechenden Diskurs.

Welches gemeinsame Ziel verbindet Sie miteinander? Welche Arten (ja, Plural) von Führung brauchen Sie? Was ist Ihnen gemeinsam wichtig dabei? Welche mentalen Modelle liegen Ihrem Diskurs zugrunde? Was muss Führung tun und was nicht? Das alles sind reflexive Fragen und damit sind wir zumindest mal am Kern von Führung. Es gibt nun mal keine fertige Standardantwort für eine Organisation, weshalb der Diskurs anhaltend sein wird. Zudem sollten Führungskräfte immer auch die Gelegenheit haben, sich selbst in ihrer Rolle zu reflektieren, meiner Meinung nach ein Muss.

Statt einen Feelgood-Manager zu beschäftigen, suchen Sie nach den Stellschrauben, um die Unzufriedenheit in der Mannschaft abzubauen. Und ja, das bedeutet, dass sich Dinge verändern, und zwar nicht immer langwierig, sondern kurzfristig. Feste Weiterbildungsbudgets, die für jeden Mitarbeitenden themenbezogen vom Vorgesetzten zugeteilt werden, sind unpassend? Gut, dann schaffen Sie sie ab. Fortan kann jeder und jede Mitarbeitende selbst frei und zeitlich ungebunden entscheiden, welche Seminare oder Workshops er oder sie besuchen will. Sollten Sie an dieser Stelle Bedenken haben, weil … (hier können Sie nun alle möglichen Gedanken zu Ihren Mitarbeitenden und deren Umgang mit Budgets einsetzen), reflektieren Sie bitte noch einmal Ihre Glaubenssätze. Und schauen Sie auf bekannte Beispiele, wie die Firma sipgate aus Düsseldorf. Der Anbieter internetbasierter Telefonie hat diesbezüglich nur eine Erwartung an alle Mitarbeitenden: Jeder muss zweimal im Jahr eine Fortbildung machen. Wo, was, zu welchen Konditionen, wie lange bleibt jedem selbst überlassen. Wer etwas für sich ausgesucht hat, heftet ein Post-it mit Beschreibung und einem Bild von sich an das Fortbildungsboard. Fertig.

Die Arbeit am System ist ein fortwährender Prozess, in dem Sie immer wieder reflektieren, wie sich die Abläufe, die Zusammenarbeit, die Wertschöpfung gerade darstellen und was Sie in der Gestaltung der Arbeitsbedingungen verändern sollten, um eine Verbesserung zu erreichen. Selbstverständlich ist dabei jeder in seiner Selbstverantwortung. Und an dieser Stelle beziehe ich mich explizit auf Geschäftsführungen, Führungskräfte und Managende. Sie geben ihre ureigenste Verantwortung für genau diese Bedingungsgestaltung nicht mehr ab, indem sie alle möglichen Projekte aufsetzen und sich höchstens noch im Steering Committee darüber informieren lassen, sondern sind immer Teil des Diskurses und der entsprechenden Entscheidungen. »Wir« meint ab jetzt alle Menschen in der Organisation und ist nicht mehr das »Wir und die Mitarbeitenden«. Die Wir-Haltung führt zu echter Partizipation, Kooperation und löst das alte Denkmuster der Maschine mit ihren Rädchen vollständig ab. Und das ist zwingende Voraussetzung, um nicht rückfällig zu werden und die falschen Medikamente einzunehmen.

Das Problem an der Wurzel packen

Die Ursache beheben, statt Symptome zu mildern, führt zu nachhaltigen Ergebnissen. Seit Jahren wird fast zwanghaft um ausnahmslose Lösungsorientierung gebeten, und damit ist es geradezu unfein geworden, sich ausführlich mit Problemen zu beschäftigen. Auf der operativen Arbeitsebene stehen Probleme nach wie vor im Fokus, sonst würde sich nichts vorwärtsbewegen, aber im Management gibt es eine verbreitete Abneigung gegenüber Problembetrachtungen. Diese ist aber nicht gesundheitsförderlich für die Organisation, denn wir müssen, um nachhaltig zu agieren, weg von der Symptombehandlung.

Ein erster Schritt liegt in der bewussten Verwendung von Sprache, wenn Sie mit anderen ein Thema erörtern. Statt in Bewertungen und direkt in möglichen Lösungen sprechen Sie in Beschreibungen. »Sprechdenken« Sie konkret über das Problem. Um welche konkrete Situation geht es, was passiert genau? Wer ist beteiligt? In welchem Zeitrahmen passiert etwas? Welche Größen haben sich verändert? Wie sieht das Problem über den zeitlichen Verlauf aus? Erzählen Sie die Geschichte des Problems, nur so kommen Sie tiefer in Richtung der Wurzel. Passiert nichts in Ihrer Erzählung, sind Sie immer noch auf der Überschriftenebene. Sie werden eventuell feststellen, dass es etwas Übung bedarf, eine gute Problembeschreibung zu formulieren, weil wir es gewohnt sind, schnell, bewertend und lösungsorientiert miteinander zu kommunizieren.

Fragen wir auch hier ganz konkret: Was kann weg?

- Seminarkataloge
- Weiterbildungsbudgets
- Führungskräfteentwicklungsprogramme
- Auftragscoaching
- Feelgood-Management
- Standardisierte Teamentwicklungsmaßnahmen
- Forecasts
- Mitarbeiterjahresgespräche
- Reisekostenrichtlinie

Prüfen Sie weiter, welche Vorgaben und Prozesse welchem Zweck dienen …

Wirkung

Gerade wenn Sie zukünftig am System arbeiten, werden sich wesentliche Aspekte der Zusammenarbeit verändern. Diese Wirkung sollten Sie nicht nur in Kauf nehmen, sondern am besten herzlich begrüßen.

Diskurs

Einzelne Menschen, Teams, Abteilungen und auch ganze Organisationen wissen sehr wohl, was sie brauchen, um gut und gerne wertschöpfend zu arbeiten. In tradierten Unternehmen findet die

Diskussion darüber meist hinter verschlossenen Türen in exklusiven Führungskreisen statt. Sobald Sie beginnen, ursächlich und am System zu arbeiten, wird der Diskurs in der Breite stattfinden müssen. Selbstverständlich bedeutet das nicht ewiges, ausuferndes Lamentieren, sondern zielgerichtete Auseinandersetzung über relevante Themen. Die Menschen reden mit, unabhängig von ihrer Rolle oder Position.

Transparenz

Betrachten Sie gemeinsam den Zweck und arbeiten an Problemen in der Tiefe, so entsteht automatisch Transparenz über Vorgänge, Abläufe, Denkmuster, Verhaltensweisen und so weiter. Es wird explizit und deutlich, was sonst zwar auch jeder irgendwie ahnt, aber nicht offen angesprochen werden darf. Schonungslose Transparenz nennen es die einen, grundlegend notwendige Klarheit die anderen. Ich selbst gehöre zu »den anderen«. Es ist nicht nur eine Frage der Fairness, gegenüber allen Kollegen für Transparenz zu sorgen, sondern auch die Grundlage für jede Form von partizipativer Zusammenarbeit. Wenn die Menschen wissen, was warum gemacht wird und wie ihre Organisation tickt, erhöht dies das Verständnis und die Verbundenheit.

Verbindlichkeit

Im Diskurs die Zusammenarbeit aktiv zu gestalten, heißt gleichzeitig, auch zu besprechen, wie die Umsetzung erfolgt. Und zwar verbindlich. Das bedeutet, es wird verabredet, was geschieht, wenn trotz Verabredung auf beispielsweise andere Verhaltensweisen jemand in die alten Muster zurückfällt. Welche Art von »Erinnerung« gibt es dann? Diese Frage muss beantwortet werden. Sonst bleiben, wie so oft, Verabredungen bloß nette Wunschlisten. Verbindlichkeit entsteht durch die konkrete persönliche Verabredung und durch Konsequenz.

Eigenverantwortung

Sobald Sie Führung, Management oder auch Organisationsent-wicklung als Aufgaben verstehen, die es ermöglichen, Arbeit gut, ungehindert und gerne zu leisten, werden alle Mitarbeitenden ei-genverantwortlicher agieren (müssen). Das bedeutet, dass die Mit-arbeitenden mehr Entscheidungen treffen – damit müssen Sie als Führungskraft klarkommen, denn sehr wahrscheinlich werden nicht alle in Ihrem Sinne getroffen. Allerdings wird es eine Zeit dau-ern, bis die Menschen sich trauen, Eigenverantwortung zu über-nehmen. Sie müssen erst wieder trainieren und erfahren, dass das wirklich möglich ist.

Zwanghafte Methodengläubigkeit

Fetisch Methode

Methodengläubigkeit ist eine Organisationszwangsstörung, die den Menschen oft nicht bewusst ist. Sie belastet zwar die Problemlösung und die gute Zusammenarbeit; das zu erkennen, fällt aber leider schwer. So ist der stete Ruf nach der »richtigen« Methode allerorten zu vernehmen.

Service-Management war mein Fachthema in den ersten Jahren meiner IT-Karriere. Das waren tolle Jahre. Der Umsatz brummte, alle brauchten Ticketsysteme und elektronisches Asset- und Change-Management. Das Beraterleben war schön und voller Best-Practice-Lösungen, deren Einsatz aber nicht zwanghaft war. Bis die Epidemie namens ITIL (IT Infrastructure Library) immer mehr um sich griff.

ITIL definiert, welche Prozesse, Funktionen und Rollen es in einem IT-Service-Management gibt, also was wer unter welchem Namen ganz genau tut. Ende der 1990er-Jahre wurde ITIL immer wichtiger, und so begannen viele Unternehmen, ihre Organisation und die Art zu arbeiten an die ITIL-Vorgaben anzupassen. Unsere Kunden und auch wir selbst richteten uns danach aus, in dem festen Glauben, dadurch besonders gut und nachhaltig zu arbeiten. Das gelang nur bedingt, denn jedes Unternehmen hat ja vor der ITIL-Einführung schon Service-Management-Leistungen erbracht, jetzt musste alles angepasst werden. Wenn das nicht gut klappte, wurden noch mehr Mitarbeitende zertifiziert, denn es konnte ja nur daran liegen, dass die Menschen nicht konnten oder wollten. Die Versuche, diese IT-Bereiche auf ITIL in Reinform zu dressieren, halten immer noch an. Die Menschen beschäftigen sich vornehmlich damit, wie sie noch ITIL-konformer arbeiten können. Mit der Frage, ob das sinnvoll ist, beschäftigt sich leider niemand mehr. Dahinter steht offenbar die

Idee, dass eine Methode etwas »macht«, fast so, als wäre sie ein Wesen. Ist sie nicht, wir Menschen sind es, die etwas machen.

Neue Besen kehren gut?

In der Hitliste der zurzeit hochgejubelten Methoden belegt das Design Thinking einen der vorderen Plätze, zusammen mit SCRUM, dem guten alten Projektmanagement und Business Model Canvas. Schaut man genauer hin, wird schnell deutlich, dass sich nicht hinter all den Begriffen auch eine Methode verbirgt. Die Tatsache wird gerne mal großzügig übersehen, wenn sich dafür ein Hype daraus machen und glückselige Problemlösung versprechen lässt.

Zurück zum Design Thinking, dessen Grundidee das interdisziplinäre Problemlösen und Ideenfinden ist. Es gibt einen bestimmten Prozess, mit vielen Iterationen, dem zu folgen ist und der dafür sorgt, dass das zu bearbeitende Thema aus Nutzer- beziehungsweise Kundensicht betrachtet wird. Eine Innovationsmethode, zu der man sich ausbilden lassen kann und die postwendend jede Menge Moderierende, Trainierende und Coachende hervorgebracht hat. In letzter Zeit bringt auch dieser Hype Absurdes hervor.

Ein Unternehmen, das mich als Moderatorin angefragt hat, fordert eine methodische Ausbildung in Design Thinking, weil sie alle Workshops, die irgendetwas mit Ideenfindung zu tun haben, mit diesem Prozess gestalten, ausnahmslos. Begeistert von einigen guten Erfahrungen, glaubt diese Organisation nun an magische Kräfte des Design Thinkings. Es sorge für gute Zusammenarbeit, das Aufbrechen des Silodenkens im Unternehmen und produziere auf jeden Fall nachhaltige Lösungen. Das, was ich für tragisch halte, ist weniger die übersteigerte Erwartung an eine Methode als die unreflektierte Nutzung. Auch Design Thinking muss als Methode zur Aufgabe und zum Kontext passen. Tatsächlich aber wird so innoviert, was das Zeug hält. Von der Materialentwicklung für Triebwerke bis zur Optimierung von Excel-Tabellen in der Buchhaltung, Design Thinking macht's möglich.

Gerade in der methodenverliebten IT gibt es natürlich Aspekte, die sich gut standardisieren lassen, und das sogar mit Sinn. Gleichzeitig treibt die Methodengläubigkeit immer weitere Blüten. Einer meiner Kunden ist seit Jahren bemüht, die Abläufe und Prozesse in der IT zu verbessern. Als ausgemachtes Problem wird dort der Wildwuchs in Anwendungen und Tools betrachtet. Angestrebtes Ziel ist Standardisierung, was im Widerspruch zur aktuellen IT-Landschaft steht. Nun wurde dort vor einiger Zeit bereits COBIT eingeführt. Das Framework für »Control Objectives for Information and Related Technology« gibt für die verschiedenen Disziplinen in der IT vor, was man tun muss. Es beschreibt also auf Ebene der Aktivitäten, was richtig und wichtig ist, um gut IT zu betreiben. COBIT vergibt verschiedene Reifegrade. Grad 0 bedeutet: Wir wissen noch nicht mal, dass wir beispielsweise Stakeholder-Management machen müssen. Reifegrad 5 heißt, dass sogar ein Prozess existiert, der sicherstellt, dass die verfasste Guideline (die genau beschreibt, wie was gemacht wird) aktuell gehalten wird. Randbemerkung: Mit Reifegrad 5 ist eine Organisation mit dem, was sie da tut, schon maximal von der Wertschöpfung entfernt. In der Organisation meines Kunden gibt es nun eine allgemeingültige Marschrichtung, nämlich durchgängig Reifegrad 3 (es existiert eine Guideline, die alles beschreibt) zu erreichen. Es gab sehr viele Meetings, in denen darüber diskutiert wurde, welchen Reifegrad man denn zum Standard erheben wolle, und es hat viele Abstimmungen gebraucht. Nun sind sehr viele Menschen mit der Guideline, deren Inhalt, dem genauen Wortlaut und der Gleichmacherei beschäftigt. Das sorgt für Nachhaltigkeit? Wohl kaum.

An dieser Stelle lege ich ein Geständnis ab. Zwar schreibe und rede ich über Agilität, tatsächlich habe ich keinerlei Zertifizierung, ich bin kein SCRUM-Master, kein Agile Coach, nichts. Nach wie vor berate ich in Projektkontexten und bin nicht nach PMI oder GPM-IPMA zertifiziert. Kein Six Sigma, kein Lean, kein BPM, nichts davon. Werde ich von Interessenten mal danach gefragt und verneine wahrheitsgemäß, dann lässt sich am Gesichtsausdruck meines Gegenübers interpretieren, was er oder sie denkt: »Ist Frau Borgert dann methodisch tief genug im Thema?« An dieser Stelle im Gespräch können wir dann auch gleich klären, ob wir überhaupt zueinander passen. Denn meine Arbeit findet explizit und ausdrücklich nicht auf der Methodenebene statt. Das klingt eventuell so, als würde ich Methoden generell ablehnen, dem ist nicht so. Sie müssen aber in den Kontext passen – und hier beschäftigen wir uns mit sozialen Systemen, mit Organisationen, mit Komplexität also. Und da sind Methoden keine Problemlöser, da gibt es keine Best-Practices und keine Blaupause. Dieses Verständnis hat sich nur leider noch nicht flächendeckend durchgesetzt.

Wenn Haltung zur Methode degradiert wird

Es scheint fast so, als hätte nun auch das letzte Unternehmen die Agilität für sich entdeckt. Die, die schon vor vielen Jahren begonnen haben, sich zu agilisieren, schreiben nun Bücher darüber und tingeln mit Vorträgen über die Bühnen der Szene. Die breite Schicht derer, die nach neuen Formen von Zusammenarbeit, Führung und Management suchen, fragt sich gerade, warum die anfängliche Begeisterung in der Organisation nun in Widerstand umschlägt. Und die Nachzügler rufen hektisch bei Menschen wie mir an und fragen nach dem schnellen, garantierten Erfolgsweg in den agilen Himmel. Ernsthaft, die meisten Anfragen der letzten Zeit kamen mit der Idee, dass Agilität, als Methode eingesetzt, zu mehr Eigenverantwortung bei Mitarbeitenden und zu kürzeren Projektlaufzeiten führt. »Wir möchten agil werden, weil wir mehr Wettbewerber haben und kaum neue Mitarbeitende gewinnen« ist eine Standardidee dabei. Agilität als Rezept für bestimmte Problemsymptome. Agilität als Methode.

Da ist sie wieder, die alte Idee von der einen Methode, die auf wundersame Weise alles heilen kann, was strukturell schiefläuft, und das am besten, ohne an der Struktur zu rütteln. Nicht selten kommt es bei den Anfragen an mich nicht mal zu einer ausführlichen Auftragsklärung oder einem ersten Workshop, weil der Vorstand oder wer auch immer entscheidet, doch lieber erst mal ein SCRUM-Training zu machen. Das ist eben viel handfester, da lernt man, welche

Rollen es gibt, dass Meetings ab jetzt Stand-Up heißen und dass (angeblich) selbstorganisiert gearbeitet wird. Wird dieser Rahmen ohne Reflexion über das Ziel, den Zweck und die Motive einem Bereich übergestülpt, wird das ganz sicher nicht viel bewirken. Agilität ist eine Haltung, keine Methode!

Trotzdem wird sie verdreht und verstümmelt, bis es nach Methode aussieht. Und warum? Für eine Organisation ist es einfacher, eine Methode als Lösung zu benennen, das bewahrt sie davor, sich mit sich selbst beschäftigen zu müssen. »Die Welt will Methode, die Welt kriegt Methode« ist leider das Credo mancher Berater und Coaches, die vor allem das Geldverdienen im Blick haben. Das wirklich Dramatische daran ist, dass die Unternehmen am Ende glauben, dass Agilität nichts für sie ist. Dann suchen sie weiter nach einer besseren Methode und ein guter, wirksamer, sinnvoller Denkansatz ist verbrannt.

Die meisten methodischen Ansätze kommen aus der Zeit und dem Motiv der Effizienzsteigerung. Das ist auch heute im Management noch der vorherrschende Gedanke. Wie gestalten wir mit Agilität unsere Abläufe effizienter? Wie können wir mit Lean Management noch schneller werden? Die Fragen sind aber schon die falschen. Es geht nicht länger um noch mehr Effizienz, denn da ist bei den meisten Unternehmen schon alles rausgepresst. Heute geht es darum, Arbeit komplexitätsgerecht und menschenfreundlich zu gestalten. Es geht darum, mit Unsicherheit, Unvorhersagbarkeit, Überraschungen und unerwarteten Ergebnissen und Wirkungen umzugehen. Da sollte doch einleuchten, dass das nicht mit kleinschrittigen, standardisierten Ablaufplänen zu machen ist. Oder?

Seit vielen Jahren ist Komplexität mein Herzensthema. Ich spreche und berate viel dazu, wie wir in Führung und Management sinnvoll mit ihr umgehen können. Die Frage, die mir leider immer noch am häufigsten gestellt wird, lautet: »Welche Best Practices gibt's denn da«? Das ist ein wenig wie in der Werbung – die Zwillinge haben Husten, gibt's da was von Ratiopharm? Es ist die Frage nach einer

Wer der Komplexität mit einer Methode begegnet, scheitert

Blaupause, einer Vorlage, einem Rezept. Da ist man gerne bereit, aus den Erfahrungen anderer zu lernen, vermeintlich. Bis die Beispiele aus anderen Unternehmen beleuchtet werden und klar wird, dass es gar nicht um Methoden, sondern um Haltungen, Sichtweisen und passende Werkzeuge geht. Dann folgt schnell: »Ja, aber das geht bei uns nicht, wir sind ganz anders. Gibt es denn keine allgemeine Methode? Wer der Komplexität mit einer Methode begegnen will, scheitert. Es braucht Reflexion, Haltung und passende Interventionen.

Eine schöne Anekdote zu diesem Thema findet sich in dem Buch *Eine Minute Unsinn* von Anthony de Mello (2005). Dort sagt ein Schüler zu seinem Meister: »›Ich habe vier Monate bei dir verbracht und noch immer hast du mir keine Methode oder Technik gegeben!‹ ›Eine Methode?‹, fragte der Meister. ›Wozu in aller Welt brauchst du eine Methode?‹« Und der Schüler sagte: »›Um den inneren Frieden zu erlangen.‹ Der Meister brach in schallendes Gelächter aus. ›Du brauchst tatsächlich großes Können, um dich selbst aus der Falle zu befreien, die Methode heißt‹, antwortete der Meister.«

Pathogenese

Die »unpassende« Idee von Arbeit und Erfolg

Es liegt in der Natur der Sache, dass ich mit meinen Kunden über ihre mentalen Modelle spreche. Was glauben sie in Bezug auf Arbeit, Mitarbeitende, Kunden, Menschen, Kooperation, Diversität und so weiter. Selbstverständlich darf jeder Mensch glauben, was immer er möchte. Dabei sollte nur jedem bewusst sein, dass sein Glauben Folgen hat. Er wirkt sich darauf aus, was wir denken, welche Strukturen wir schaffen und wie wir handeln. Und es gibt eben auch Glaubenssätze zu Arbeit und Organisation, die sind aus der Zeit gefallen.

Zwanghafte Methodengläubigkeit entsteht unter anderem aus dem festen Glauben, dass Arbeitsabläufe systematisiert und standardisiert sein müssen. Dass auch inhaltlich genau beschreibbar ist, wer was wie wann tut, um ein bestimmtes Ergebnis zu erzielen. Damit sind wir wieder beim Bild der großen Maschine. Es müssen nur alle Komponenten optimiert sein, alle Rädchen gut ineinandergreifen, dann läuft das große Ganze auch rund. Es ist die alte mechanistische Denke, die die Komplexität unserer Welt quasi gar nicht betrachtet. Als lebten wir in einer rein linearen Welt.

Der zugrunde liegende Glaubenssatz lautet: »Erfolg entsteht durch die richtige Anwendung der *einen* Methode.« Ich persönlich glaube nicht, dass dieser Glaubenssatz aus den einzelnen Menschen kommt. Vielmehr ist das ein organisationaler Glauben, ein Teil des Spiels, ein Symptom letztendlich. Wenn wir das gemeinschaftlich in einem Unternehmen für wahr halten, dann fokussieren wir uns auf den Streit um die richtige Methode und anschließend auf die korrekte Umsetzung, die Messung des Erfolgs und die Auditierung der richtigen Umsetzung. Das ist schön weit weg vom eigentlichen Problem, vom Diskurs, vom Hinschauen, vom Reflektieren. Wir müssen nicht in echten Kontakt miteinander gehen, sondern können an der Oberfläche rumdoktern. Es bleibt alles, vermeintlich zumindest, auf der Sachebene. Und auch der Glaubenssatz dazu, dass Zusammenarbeit eine rein sachliche Angelegenheit ist, hält sich hartnäckig.

Problemverschiebung

Der Versuch, zu 100 Prozent nach ITIL zu arbeiten oder durchgängig einen COBIT-Maturity-Level 3 zu erreichen oder nur noch Black Belts einzustellen, hat mit Problemlösung nichts mehr zu tun. Es ist in etwa so, als würde man sich nur noch mit dem Pflaster beschäftigen, das man auf das Hühnerauge geklebt hat, das auch nur entstanden ist, weil die Schuhe zu eng waren. Die Entfernung vom eigentlichen Thema wird immer größer, die Absurdität der Maßnahmen ebenso.

Dieser Systemurtyp nennt sich Problemverschiebung und gehört zu den Dynamiken, die man immer mal wieder betrachten sollte. Für das COBIT-Beispiel könnte das skizzierte Modell etwa so aussehen:

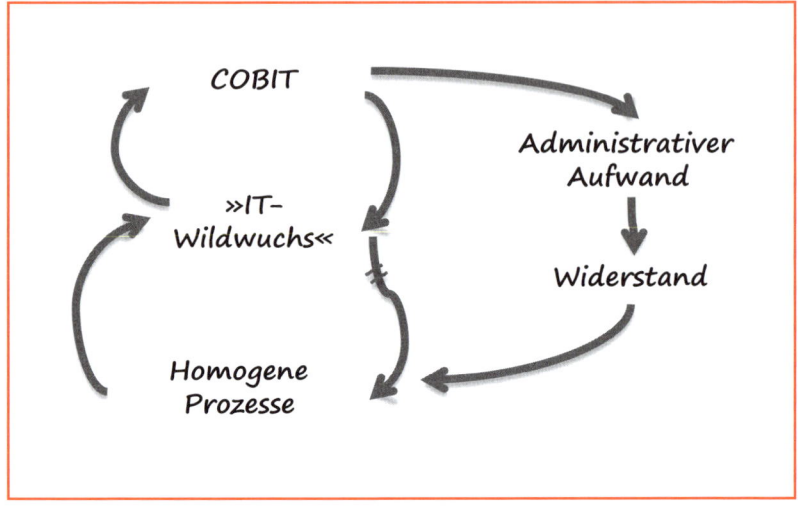

Das benannte Problemsymptom ist der Wildwuchs in den Anwendungen der IT, dem mit COBIT begegnet wird. Es gibt punktuell und kurzfristig Verbesserungen des Symptoms, weshalb sich die Lösung COBIT als »richtig« erwiesen hat. Sie behandelt aber nur das Symptom, nicht das grundlegende Problem und bringt außerdem noch Effekte mit sich. Der nicht zu unterschätzende administrative Aufwand sorgt für Widerstand dem Framework und seiner Nutzung gegenüber. Die Organisation beschäftigt sich immer mehr nur noch mit COBIT statt mit dem eigentlichen Problem und dessen Lösung. Das Problem hat sich verschoben.

Inhaltlich darf man sich natürlich auch fragen, welche Problemstellungen mit Standardisierung gelöst werden. Das halte ich für wichtig, da auch Standards zum Allheilmittel erhoben werden, die Wirkkraft aber jeweils zu hinterfragen ist. Zurück zum Archetyp. Probleme geben sich über Symptome zu erkennen, und je tieferliegend sie sind, desto genauer und intensiver muss man beobachten, um sie fassen zu können. Da ist es naheliegend und auch vermeintlich schneller, die Symptome zu bearbeiten. Die grundlegende Lösung nimmt oft mehr Zeit in Anspruch als der Hotfix. Wenn sich das paart mit dem Glauben, die Problemursache liege in den Menschen und das Erfolgsgeheimnis in den Methoden, laufen Menschen leicht in die Falle der schnellen Abhilfe. Nur dass die kurzfristige Lösung nicht nur das Problem nicht beseitigt, oftmals verschlimmbessert sie es auf Dauer sogar.

Die Systemdynamik Problemverschiebung ist mitunter schwer auszumachen, denn die Behandlung des Symptoms zeigt ja Wirkung und gaukelt Erfolg mit den Maßnahmen vor, zumindest kurzfristig. Nach einer Weile tauchen dieselben Symptome wieder auf, es entsteht ein Krisenkreislauf. Und der genau ist ein wichtiger Hinweis für Führungskräfte, Manager und Managerinnen, um genauer hinzuschauen und dem Problem auf den Grund zu gehen.

Alles im Griff?

Auch heute noch, in einer Zeit, in der alle anerkennen, dass wir in einer VUCA-Welt leben (VUCA: Volatility, Uncertainty, Complexity, Ambiguity), gibt es einen Zustand, den die meisten Organisationen nicht aushalten können: Ungewissheit. Auch das ist Teil des mentalen Modells vieler Unternehmen und stammt aus der Zeit des Taylorismus. Alles war klar, steuerbar, verstehbar und vorhersagbar. Natürlich gibt es auch heute weiterhin repetitive Arbeiten, wie Fließbandarbeit sie darstellt. Der Teil ist aber nicht die Herausforderung, der wir uns stellen müssen; vielmehr müssen wir das Komplexe in den Blick nehmen. Wenn es den *einen* nicht gibt, der *die* Lösung für das neue Produkt oder für den Marktangang oder die Organisation der IT oder was auch immer kennt, dann müssen die Menschen und eben die gesamte Organisation mit der Ungewissheit umgehen. Wenn sie das nicht können, liegt der Ruf nach einer Methode oder Standardlösung nah. Planen, Führen und Managen unter Ungewissheit sind meiner Erfahrung nach in vielen Unternehmen noch unterentwickelt.

Behandlung

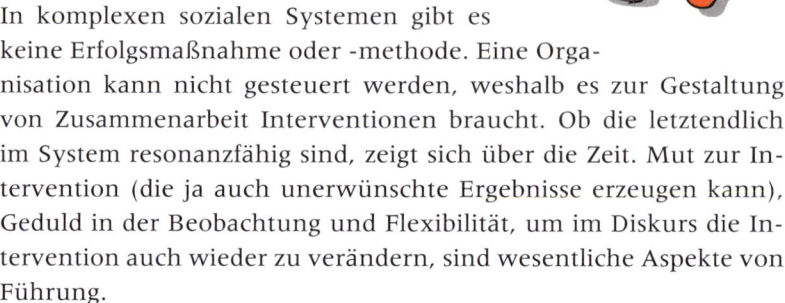

Intervention statt Methode – eine Frage der Haltung

In komplexen sozialen Systemen gibt es keine Erfolgsmaßnahme oder -methode. Eine Organisation kann nicht gesteuert werden, weshalb es zur Gestaltung von Zusammenarbeit Interventionen braucht. Ob die letztendlich im System resonanzfähig sind, zeigt sich über die Zeit. Mut zur Intervention (die ja auch unerwünschte Ergebnisse erzeugen kann), Geduld in der Beobachtung und Flexibilität, um im Diskurs die Intervention auch wieder zu verändern, sind wesentliche Aspekte von Führung.

Erfolge nicht mehr mit Methoden begründen

Verabschieden Sie sich davon, Erfolge mit Methoden zu begründen. Sagen Sie nicht so etwas wie »Dank Design Thinking haben wir ein tolles neues Produkt« oder »Ohne Six Sigma hätten wir nie diese Qualität erreicht!«. Keine Methode ist der singuläre Erfolgsfaktor bei Arbeit. Menschen haben etwas erarbeitet und dabei Tools, Werkzeuge, Methoden verwendet.

Problemen auf den Grund gehen

Lösungsorientierung ist erst nach der Problemorientierung sinnvoll

Wann immer Sie denken, dass Sie eine Methode brauchen, sollten Sie innehalten und sich noch einmal fragen, welches Problem Sie lösen wollen. Haben Sie es intensiv genug betrachtet oder sehr schnell in den Lösungssuchmodus geschaltet? Ja, in Lösungen denken ist vorwärtsorientiert und wird ja auch von allen Seiten immer wieder eingefordert. Über eine Lösung nachzudenken, macht aber erst Sinn, wenn das Problem klar identifiziert ist.

Dynamiken und Kontexte betrachten

Kein Problem beziehungsweise keine Lösung ist isoliert und wirkt nur auf sich. Betrachten Sie die Wechselwirkungen in Ihrem Team oder in der Organisation. Welche Dynamiken sind entstanden und was bedeutet das für eine mögliche Lösung? Kann die überhaupt auf der Ebene einer Methode liegen? Und schauen Sie bitte gleichzeitig auf Ihren Kontext. Das, was bei anderen Unternehmen gut funktioniert, findet in deren Kontext statt. Bei Ihnen sind die Bedingungen, die Beteiligten, die Dynamiken andere. Seien Sie sich dessen bewusst.

Glauben Sie nicht alles, was Sie denken

Die Struktur in Ihrer Organisation ist so, weil Sie miteinander glauben, dass Sie genau diese Struktur brauchen. Ihre mentalen Modelle steuern Gedanken und Handeln. Machen Sie sich diese Glaubenssätze immer mal wieder bewusst, zum Beispiel in einer Situation, in der Sie konkret überlegen, eine bestimmte Methode einzuführen. Was wollen Sie bewirken? Warum denken Sie, dass die Methode ein bestimmtes Problem löst? Machen Sie sich klar, dass es dabei um Glauben, nicht um Wissen geht.

Wirkung

Fehler zulassen

Fehler sind unerwünschte Ergebnisse und entstehen auch unter den Bedingungen der Methodengläubigkeit fortlaufend. Da wird nur meist nicht nach der Ursache geforscht, sondern spontan vermutet, dass die Methode nicht richtig angewendet wurde oder halt die falsche war. Wenn Sie ursächlich forschen und ihre Struktur betrachten, wird auch deutlich, wo genau Fehler entstehen. Ja:

wo – nicht: bei wem. Sie brauchen einen konstruktiven Umgang mit Fehlern, um sie als Lernfeld nutzen zu können. Auch das sollte Teil Ihrer Verabredung von Zusammenarbeit sein.

Kontakt zwischen den Menschen

Sobald Sie aufhören, Ihre Diskussionen auf der vermeintlichen Sachebene zu führen, und gemeinsam über das Wie Ihrer Zusammenarbeit sprechen, treten Sie in näheren Kontakt zueinander. Es wird persönlicher. Nicht im Sinne von Gesprächen über Privates, aber Sie zeigen sich stärker mit dem, was Ihnen wichtig ist, welche Ideen Sie haben, wo Sie die Problemursachen sehen, welche Wirkung das auf Sie hat und so weiter. Viele Organisationen haben ihren Mitarbeitenden quasi abtrainiert, in Kontakt zu kommen, weshalb es des Trainings bedarf, bis die Menschen sich darauf vertrauensvoll einlassen können.

Multiple Sprach- und Sprechstörungen

»Tacheles reden«?

»Du wirst hier nicht mehr gebraucht« sind die ersten Worte, die Herr K. von seiner Vorgesetzten hört, nachdem sich die Tür zum Besprechungsraum hinter ihnen geschlossen hat. Und sie sind ein Schlag ins Gesicht für ihn. Nach mehr als 25 Jahren in diesem Unternehmen hätte er sich ein »Trennungsgespräch« anders vorgestellt. Dass sie ihm in dem Gespräch nahelegen würde, das Unternehmen zu verlassen, hatte er schon geahnt. Er kennt ja sein Alter und gerade ist mal wieder Freiwillig-gehen-Aktion. So sitzen sie also in einem der kargen Besprechungsräume, ein Paket Taschentücher auf dem Tisch und keine weitere Diskussion. »Wir möchte Ihnen nahelegen, sich in der Zeit bis … Unterstützung durch Outplacement … werden Sie sicher verstehen … das Positive sehen …«

Da hat sich eine toughe Vorgesetzte eine Strategie überlegt, mit der sie schnell durch das Gespräch kommt, was? Nein, sie ist der Vorgabe der Personalentwicklung gefolgt und dieses Gespräch hat hundertfach identisch mit anderen Personen stattgefunden. Mir blieb der Mund offenstehen, als mir eine Führungskraft von der Vorgabe erzählte. Sinngemäß: Führen Sie das Gespräch nicht in Ihrem Büro, eventuell bekommen Sie den Mitarbeiter oder die Mitarbeiterin nur schwer wieder raus. Steigen Sie unbedingt mit den Worten »Du wirst hier nicht mehr gebraucht« ein, um eine Diskussion gleich zu unterbinden. Schaffen Sie sofort Fakten. Legen Sie Taschentücher parat.

»Tacheles reden« wird das unter den Führungskräften genannt, »mit Schwung mitten ins Gesicht schlagen« nenne ich das. Dabei hat man sich in der Personalentwicklung bestimmt sehr lange sehr viele Gedanken um die Formulierung und den Ablauf der Gespräche gemacht. Eventuell war im Vorfeld ein externer Kommunikationstrainer mit Arbeitsschwerpunkt Trennungsgespräch im Unternehmen und die Teilnehmenden haben alle fleißig mitgeschrieben. Sätze finden, die Diskussion ersticken, unmissverständlich klarmachen, alles tun, damit das »Senden« der Botschaft eineindeutig ist. Achtung, beim »Empfänger« könnten Emotionen entstehen, daher Taschentücher mitnehmen. Wird das alte Sender-Empfänger-Modell rein linear gedacht und mit dem Motiv »Schnell raus aus dem Gespräch« verknüpft, produziert dies am Ende nur eines: menschenunfreundliche Kommunikation. Dabei brauche ich sicher nicht zu erwähnen, dass auch dieses Unternehmen in seinen Leitlinien von »Integrität und Wertschätzung leben« schreibt und auf vielen Folien immer wieder von wertschätzendem Umgang fabuliert. Eine größtmögliche Dissonanz zwischen Sagen und Tun, auch Sprachentwicklungsstörung genannt und ein beliebtes Spiel in vielen Organisationen.

Kommunikation ist nichttrivial, das gilt für Zweierbeziehungen genauso wie für die Verständigung in Unternehmen. Dort allerdings liegen die Auswüchse diverser Erkrankungen teilweise schon im Bereich der Realsatire und haben gleichzeitig enorme Auswirkungen. Kommunikations- und Rhetoriktrainings boomen seit Jahrzehnten ungebrochen, es wird viel über »gute Kommunikation« gegrübelt, es werden Regeln verabredet, in Tausenden Fachbeiträgen wird die Bedeutung wertschätzender Kommunikation sogar zum Führungsstil erhoben und gleichzeitig schlagen all diese Konzepte täglich hart auf dem Boden der Realität auf.

Sprechschizophrenie

Sprache wird fahrlässig verwendet und gleichzeitig werden einzelne Worte auf die Goldwaage gelegt. Auf die Frage »Welche Sprache benutzen Sie hier miteinander?« wissen die Menschen spontan meist keine Antwort. Dieses Phänomen geht seit Langem um in den Unternehmen. Kennen Sie sie auch, diese Abstimmungsrunden, in denen Dokumente oder Folien Satz für Satz durchgegangen werden, um auch ja die richtigen Worte zu wählen? Kann ja auch sinnvoll sein, bei Verträgen zum Beispiel. Aber auch da vor allem dann, wenn es das Ziel ist, sich zu 1000 Prozent abzusichern und alle Eventualitäten aufzuführen. Ein ähnlicher Aufwand wird jedoch auch in internen Runden oder Kundenpräsentationen betrieben.

Vor einiger Zeit war ich als externe Rednerin Teil einer Veranstaltungsreihe für die Führungsriege eines großen Unternehmens mit rund 800 Führungskräften. Federführend in Konzeption, Auswahl der Themen, Beauftragung der Referierenden und Durchführung war der Bereich Personal. Von den Ansprechpartnerinnen dort bekam ich ein Template für meinen »Fahrplan«. Ich hatte also minutengenau (keine Übertreibung!) vorher aufzuschreiben, welche Aspekte ich mit welchem Ziel der Zuhörerschaft zu kredenzen gedachte. Damit aber nicht genug, der Fahrplan wurde dann im Hinblick auf Wortwahl diskutiert, und die Leiterin der Personalentwicklung machte mir ihrerseits Vorschläge, welche Formulierungen ich an welcher Stelle nutzen könne und ob ich nicht bitte am Ende diese eine bestimmte Frage stellen möchte. Das war der Punkt, an dem wir viel miteinander diskutiert haben. Unter anderem, ob wir überhaupt zusammenarbeiten. Am Ende einigten wir uns darauf, dass ich meine Sätze allein gestalten darf.

Natürlich sollten Worte mit Bedacht gewählt werden – immer. Aber zu glauben, mit ganz bestimmten Begriffen bei allen Menschen eine ganz bestimmte Assoziation zu provozieren, grenzt an Naivität. Der erste Veranstaltungstermin stand an und wurde von einem Herrn aus dem Vorstand eröffnet. In seiner Rede adressierte er unter anderem den von ihm als mangelhaft empfundenen Umgang mit Kritik im Unternehmen. Es sei geradezu Feigheit in den Reihen der Führungskräfte eingezogen, es werde viel zu wenig kritisiert, keiner mache den Mund auf, er erwarte das von Führungskräften, das sei so nicht mehr tragbar und müsse sich sofort verändern. Am Ende seines Vortrages sagte er: »So, jetzt bitte ich um Kritik. Also los, kritisieren Sie …« Was geschah? Nichts, Ruhe im Saal, niemand meldete sich zu Wort.

Es war derselbe Vorstand, der, nachdem er an meinem Workshop zum Thema Komplexität teilgenommen hatte, noch nett mit mir über das Ruhrgebiet und dessen Menschenschlag geplaudert hatte und mir im Nachgang über die Leiterin des Personalbereiches hatte ausrichten lassen, ich solle bitte mit seinen Führungskräften nicht über Selbstorganisation sprechen, das verstünden die nicht. Alles nicht schlimm, aber schizo. Worte einzeln sezieren und unterbinden, was stören könnte, und gleichzeitig einfach mal Sachen raushauen und nicht bedenken, welche Wirkung es haben kann, sind für mich Gegensätze. Und ja, ich bin mir bewusst, dass ich nicht in die Köpfe der Menschen schauen kann. Meine Hypothesen beruhen auf meinen Beobachtungen. Und erst einmal sehe ich zwei Pole im Umgang mit Worten. Erbsenzählerei auf der einen, Achtlosigkeit auf der anderen Seite.

Wertschätzungs-Tourettesyndrom

Es ist ein lautlicher Tic. Fragen Sie mal irgendein Team, eine Abteilung, eine Gruppe, wie die Menschen dort miteinander kommunizieren. Die Antwort ist so gut wie immer: Wertschätzend. Und sie kommt genau so schnell wie unreflektiert. Es ist *das* Kommunikationsmodewort in Organisationen und findet sich in jeder Leitlinie, egal, ob zu Führung oder Unternehmen, wieder.

- »Die Basis für gute Führung bildet der respektvolle, wertschätzende und vertrauensvolle Umgang miteinander.«
- »Wir gehen respektvoll und wertschätzend miteinander um.«
- »Wir achten auf partnerschaftliche und wertschätzende Zusammenarbeit.«

So oder ähnlich lauten die Formulierungen und sie sind auch sicher hoffnungsvoll niedergeschrieben worden, Wort für Wort.

Wertschätzung bezeichnet die positive Bewertung eines Menschen, grundsätzlich und erst mal unabhängig von seinem Verhalten oder seinen Leistungen. Das wäre also mit dem Begriff gemeint, wenn er laut Wörterbuch Verwendung fände. Er teilt aber auch das Schicksal unzähliger weiterer Begriffe: nicht definiert zu werden. Weder

in den Leitlinien noch in den vielen Gesprächen dazu wird dem Wort eine konkrete Bedeutung eingehaucht. Und so versteht eben
jeder irgendwas wie nett, gewaltfrei, positiv,
höflich oder freundlich darunter. Ist ja auch leichter, wertschätzend
miteinander umzugehen, wenn es nicht ganz so streng definiert ist
(*Ironie aus*). Worthülsen wie Wertschätzung kommen nicht auf
die Goldwaage, sie werden eher aus modischen Gründen verwendet, weil man das jetzt so macht und so nennt. Oder, und das ist
nicht minder unsinnig, der Begriff wird engmaschig in Regeln für
Verhalten und Sprechen runtergebrochen. Dann finden sich in den
Templates für die Mitarbeiterjahresgespräche konkrete Beispiele für
eine wertschätzende Formulierung von Kritikpunkten oder Ähnliches wieder. An dem Punkt möchte ich laut Stopp rufen. Wertschätzung ist eine Haltung, keine trainierbare und duplizierbare Rhetorik
für bestimmte Anlässe.

> **Wertschätzung ist eine Haltung, keine bloße Rhetorik für bestimmte Anlässe**

Das Gesagte ist positiv formuliert, in Ich-Botschaften gequetscht
und mit Konjunktiven ordentlich weichgespült. Das ist es, was ich
leider häufig beobachte. Verkauft wird das als wertschätzende Kommunikation. Dahinter steht aber nicht mehr als eine Taktik, um sich
durchzusetzen beziehungsweise das Gegenüber »abzuholen«. Was
ja in Wirklichkeit meint, den anderen oder die andere von seiner
Meinung zu überzeugen, damit er oder sie keine Schwierigkeiten
macht. Und nebenbei bemerkt, die positive Bewertung eines Menschen besteht auch dann, wenn die gemeinte Person nicht mit im
Raum ist. Solange Auge in Auge gesprochen wird, klappt's noch
ganz gut mit der »ordentlichen« Kommunikation, aber spätestens in
der Kaffeeküche wird gelästert, was das Zeug hält. Wertschätzung?
Höchstens unter Beobachtung.

Neue Namen für das Kind

»Frau Borgert, Sie sagen immer ›streiten‹, das ist aber kein schönes Wort. Das sagen wir hier so nicht«, nimmt mich die Assistentin des Geschäftsführers zur Seite. Wie es denn in ihrem Kontext genannt wird, frage ich nach. Nach kurzem Überlegen antwortet sie: »Unterschiedliche Sichtweisen, so in etwa.« Ja, ich sage »streiten« und definiere dieses Verb auch. Für mich ist das Diskurs und echte Auseinandersetzung: Sichtweisen erläutern, verstehen wollen, wie die Landkarte im Kopf des anderen aussieht, und konstruktiv nach Lösungen forschen. Und ja, man kann das anders nennen, aber bitte beim Klartext bleiben. Was übrigens auch so eine Worthülse ist. In jeder Organisation wird angeblich Klartext gesprochen. In der Beobachtung ist er dann nicht mehr so häufig zu finden. Worum es mir hier aber eigentlich geht, ist die Umbenennung von Dingen, Vorgängen, Menschengruppen und Konzepten. Das bleibt nicht ohne Wirkung. Sprache transportiert unsere Gedanken und formt unsere Wahrheit. Aus diesem Grund sollten wir gut überlegen, wie wir was nennen, vor allem im Kollektiv und in der steten Wiederholung.

In meiner Tätigkeit als Lehrbeauftragte habe ich mit »Sachmitteln« gearbeitet. Sollten Sie von universitären Institutionen weit entfernt sein, denken Sie jetzt womöglich, dass ich auf einem Stuhl gesessen oder einen Tacker benutzt habe. Das auch, aber gearbeitet habe ich mit studentischen Hilfskräften. Die werden dort aus demselben Topf finanziert wie Schreibtischlampen und Ringordner. Sie werden als Sachmittel geführt und an manchen Einrichtungen auch im alltäglichen Umgang so bezeichnet. »Ist dein neues Sachmittel schon da?« Da sind wir und da sind die Sachmittel. Der Mensch dahinter verschwindet, zumindest bei Dauergebrauch dieser Sprache.

Und in Organisationen? Viele Führungskräfte trainieren fleißig, gendergerecht »Mitarbeiterinnen und Mitarbeiter« zu sagen, bei ebenso vielen sind es aber FTE oder Head-Counts oder einfach Ressourcen. Im Projektumfeld ist der Begriff »Ressource« sehr geläufig. Meinen Applaus bekam neulich eine Arbeitsgruppe, die im Workshop zum Thema Resilienz für sich festlegte, dass sie im Unternehmen zukünftig Mitarbeitende und nicht mehr Ressource genannt werden. Welchen Blick auf die Menschen schaffen solche Begriffe auf Dauer? Was trauen wir einer Ressource zu? Wie viel Kompetenz steckt in einem Head-Count?

An der Stelle, an der wir andere Begriffe für dasselbe verwenden, verändern wir Bedeutung. Und ich meine jetzt nicht das Paprikaschnitzel oder den Schokokuss, die aus Gründen der Political Correctness umgetauft wurden. Sondern Probleme, die wir nur noch Herausforderung nennen. Konflikte, die wir gar nicht mehr nennen. Flüchtlingsobergrenze, die nun Spanne genannt wird. Die Bedeutung verändert sich und ganz oft verschwindet mit dem alten Begriff auch das Thema dahinter, bis hin zur Tabuisierung. Was das angeht, sind Unternehmen die perfekten Abziehbilder unserer Politik.

Die Diskussionen um die Obergrenze für die Anzahl aufzunehmender Flüchtlinge sind leider ein gutes Beispiel. Wie hat es Frau Merkel angestellt, ihren klaren Standpunkt »Mit mir wird es keine Flüchtlingsobergrenze geben« zu relativieren? Ganz einfach, man nenne es »Spanne von x bis y« und betone, dass das mit einer Grenze nichts zu tun habe. Gab es deswegen einen öffentlichen Aufschrei oder eine Auseinandersetzung? Nein, genauso, wie es in den meisten Unternehmen keine Konflikte gibt. Zumindest nicht offen und ehrlich. Natürlich schwelen, wo Menschen zusammenarbeiten, immer Konflikte. Bearbeitet werden sie aber nicht entsprechend. Wenn irgendwie möglich kommen sie unter den großen Teppich des Schweigens, und man hofft, dass sie sich von selbst erledigen. Am Ende des Tages ist das Umbenennen eine Form von Konflikt- und Symptomverschiebung. Mildert eventuell kurz ein Symptom, kommt an anderer Stelle aber irgendwann wieder. Wenn das, worum es eigentlich geht, dann tabuisiert ist, wird es eben auch gar nicht mehr betrachtet. Das ist der Haupteffekt dabei und sollte allen Mitwirkenden bewusst sein.

»Das versteht du nicht«

»Ein Teil dieser Antworten würde die Bevölkerung verunsichern«, so Thomas de Maizière, seinerzeit Deutschlands Innenminister, zur Absage des Fußball-Länderspiels zwischen Deutschland und den Niederlanden 2015. Es hatte damals Anhaltspunkte für einen bevorstehenden Terroranschlag in Hannover gegeben. In der Presseerklärung gab de Maizière keinerlei Auskunft über irgendwelche Details, die zu der Entscheidung geführt hatten. Seine Begründung: Das würde die Bevölkerung verunsichern. Ja, und? In einer solchen Situation sind viele Menschen eh verunsichert. Die Welt, in der wir leben, sorgt dafür, dass wir Menschen uns fortwährend mit Nichtvorhersagbarkeit, Ungewissheit und Unsicherheit konfrontiert sehen. Wieso glaubt ein Politiker, wir könnten mit Verunsicherung nicht umgehen? Und welche Art Verunsicherung löst er mit dieser Andeutung aus?

Letztendlich hat er nichts anderes gemacht als viele Geschäftsführer, Vorstände, Führungskräfte oder sonstige Informationsbesitzende täglich auch: Informationen für sich behalten. Die Motive sind völlig unterschiedlich. »Das brauchen die Mitarbeitenden nicht zu wissen« oder »Damit können sie nicht umgehen« werden am häufigsten benannt. Das ist nicht nur anmaßend, sondern macht auch das gängige Eltern-Kind-Verhältnis in Organisationen deutlich. Die Führenden als Eltern wissen genau, was die Mitarbeitenden verstehen, brauchen, können und in welchen Happen Informationen verteilt werden müssen. Gerade in Veränderungsprozessen werden Informationen mit einem unglaublichen Aufwand aufbereitet, portioniert, multichannelmäßig gestylt, zurückgehalten und dann hoheitsvoll verkündet. Auch das mag gut gemeint sein, aber gut gemeint ist, wie wir alle wissen, nicht immer auch gut gemacht. Abgesehen davon, dass Ihre Mitarbeitenden mündige Erwachsene sind, sorgt die Informationszurückhaltung vor allem für eines: Sie bindet sehr viel Energie, indem sich die Nichtinformierten mit Spekulationen beschäftigen.

»Was interessiert mich dein Geschwätz?«

Manches Mal kommt die Teilnahme an einer Besprechung körperlicher Gewalt gleich. Der gerade Sprechende wird rüde unterbrochen, jeder zweite Satzanfang lautet »Ja, aber …«, Standpunkte werden nicht erforscht, sondern ausnahmslos verteidigt, kein Redebeitrag bezieht sich auf das vorher Gesagte, fünf Themen schwirren gleichzeitig durch den Raum, einige Beiträge ziehen sich über viele Minuten und behandeln dabei gleich alle fünf Themen. Die meisten überlegen derweil, wie der eigene Beitrag wohlgeformt und hübsch verpackt adressiert werden kann. Und so sind im Geiste viele Menschen in Diskussionen oder auch unverfänglichen Unterhaltungen bloß damit beschäftigt, was sie als Nächstes erwidern. Sie bauen im Kopf schon mal die Formulierung und Argumentation. Dumm nur, dass sie dabei einen erheblichen Teil des gerade Gesagten nicht mitbekommen.

Aber mal ganz ehrlich, wen interessiert's denn überhaupt? Gerade Meetings dienen eben nicht dem Zweck der gemeinsamen Lösungsfindung, sondern sind die Manege für Machtgehabe, Aufgabenzuteilung und Schuldzuweisungen. Nicht selten kommen Unternehmen, die diese Mechanismen natürlich selbst auch erkennen, auf die Idee, Regeln für Besprechungen aufzustellen. Da wird die Redezeit dann auf drei Minuten pro Beitrag begrenzt, Pünktlichkeit als oberstes Gebot benannt und Ausredenlassen unter Wertschätzung abgeheftet. Kann man machen, ist aber nicht nachhaltig. All diese Verhaltensweisen sind ja erlaubt im System, sonst gäbe es das Verhalten nicht. Eine Regel hilft da nicht, wenn das gemeinsame Verständnis und die Kooperation fehlen. Und selbst da, wo gemeinsame Werte gelebt und Zusammenarbeit ernst gemeint ist, kommt vor dem Reden noch ein anderer wesentlicher Punkt: das Zuhören. Schade, das haben wir nicht gelernt in all den Seminaren zu Storytelling, Verhandlungstaktik, Rhetorik und »Wie sage ich es meinem Chef«. Da schließe ich mich sehr gerne dem 14. Dalai-Lama an: »Wenn du sprichst, wiederholst du nur, was du bereits weißt. Aber wenn du zuhörst, lernst du vielleicht etwas Neues.«

Die und wir

»Für eine wirksame Führung ist Kommunikation unabdingbar. Nur durch den kontinuierlichen Austausch von Informationen können wir unsere Mitarbeiter für unsere Anliegen und Ziele gewinnen und motivieren.« – So steht es in den Führungsleitlinien der Firma Hornbach. Hier haben wir ein Beispiel für die Sprache, wie sie zigfach in anderen Unternehmen, in Podiumsdiskussionen, Fachbeiträgen, Büchern zu Führung und Management und an Stammtischen verwendet wird. Da ist das *Wir*, die Führung also, und da sind *die Mitarbeitenden*. Da will das Wir die Mitarbeitenden gewinnen, mitnehmen, abholen, motivieren, begeistern, fördern, fordern und ihnen gleichzeitig auf Augenhöhe begegnen. Was für ein hohes Gerede, möchte ich da fröhlich in die Runde rufen.

Solange die Sprache exkludiert, wird auch die Haltung zur Zusammenarbeit entsprechend sein. Es bleibt bei der alten Vorstellung von »Oben wird gedacht und unten wird gemacht«. Besonders auch in Veränderungsprozessen geht es auf Führungsebene immer um die Frage »Wie bauen wir Ängste und Widerstände bei den Mitarbeitenden ab?«. Das verhindert auch gleich die Debatte um die eigenen Widerstände und Sorgen. Oder kennen Sie Organisationen, in denen die Führungskräfte wie eine Mannschaft zusammenstehen und alle die anstehenden Veränderungen begeistert begrüßen? Ich auch nicht, im Gegenteil. Und gleichzeitig richtet sich in den Diskussionen schon sprachlich alles auf die Mitarbeitenden aus. Was wir sprechen, sagt mehr über uns selbst als über das Besprochene. Somit ist die Sprache, die in den Führungsetagen eines Unternehmens verwendet wird, ein gutes Indiz für die Haltung der Führungskräfte gegenüber ihrer Rolle, Aufgabe und den Mitarbeitenden.

Unsere Sprache ist ein enorm mächtiges und scharfes Instrument. Wir sollten es mit Bedacht benutzen.

Pathogenese

Die Macht der Worte wird unterschätzt

Worte wirken, beim Sprechenden und dem Publikum. Sie können belustigen, verletzen, trösten, Mut machen. Die Wirkung kann anhalten, tage-, wochen- oder jahrelang. Intensives Fluchen beispielsweise löst körperlichen Stress aus. Wissenschaftler vermuten, dass die frühe Konditionierung auf Tabuwörter dafür sorgt, dass wir auch als Erwachsene gestresst sind, wenn wir die »bösen« Wörter benutzen. Aber Worte wirken auch sehr positiv und stimulierend. In Experimenten fand man heraus, dass Probanden, die Tee mit exotischen Namen wie »Tropical Fruit« tranken, das Getränk eher als fruchtig-erfrischend empfanden. Unsere Sinne werden direkt angesprochen. Ob Begriffe wie »Käse«, »Zigarette« oder »Kaffee« fallen, unser Gehirn aktiviert jene Areale, die für Gerüche zuständig sind. Das ist uns selbstverständlich nicht immer bewusst und so werden wir spätestens mit Werbung entsprechend manipuliert.

Im Organisationskontext wird vor allem die Wirkung von Metaphern seit Jahren betrachtet und ist mancherorts bereits zum Selbstzweck mutiert. Da wird Veränderung verglichen mit Billardspielen, Curling oder Bergsteigen, Führung verstanden nach dem Prinzip der Wölfe, Pferde oder Erdmännchen und Mitarbeitende sind Löwen oder Schildkröten. Metaphern um der Metaphern willen und dann auch noch eins zu eins auf die Arbeitswelt übertragen, dienen immerhin der Erheiterung. Betrachten wir einige gängige Metaphern und andere Phrasen mal wortwörtlich:

- »Die Mitarbeiter müssen ins Boot geholt werden.« Wo sind sie denn jetzt?
- »Wir müssen den Menschen die Angst nehmen« – so beginnt fast jeder Beitrag, wenn es um Veränderung geht. Es wird unterstellt, dass es diese Ängste immer gibt, daran scheint kein Zweifel zu bestehen. Diese Formulierung in zahlreichen Beiträ-

gen, über viele Jahre hinweg benutzt, nicht hinterfragt, wird zu einer vermeintlichen Wahrheit. Und es hat ja geklappt. Überlegt wird doch nur noch, wie man Menschen die Ängste nimmt. Nicht, ob sie überhaupt Ängste haben. Dabei wäre erst einmal diese Aussage zu hinterfragen, denn sie ist ein Glaubenssatz und hat Wirkung auf alle Beteiligten. Was wäre möglich, wenn wir das nicht denken?

◆ »Aus Betroffenen Beteiligte machen« hat denselben Effekt wie »Wir und die«, diese Aussage trennt und stellt eine Hierarchie her.

◆ »Widerstand bei den Mitarbeitenden« – was ist denn mit dem Rest? Da gibt es ausnahmslos Begeisterung und Aufbruchstimmung?

◆ »Ein moderner Arbeitgeber fühlt seinen Angestellten regelmäßig den Puls.« Wie bitte?

◆ »Wir müssen out of the box denken« ist ein Aufruf, um Box A durch Box B zu ersetzen. Wofür soll das gut sein?

◆ »Mitarbeitende einbinden, abholen, halten …« Können die eigentlich nix allein? Das ist Diskriminierung.

◆ »Unsere female pipeline ist eigentlich gut gefüllt.« Will sagen, wir haben eigentlich genug Frauen, die bei uns eine Führungsposition bekleiden könnten.

◆ »Der Karrierepfad …« Ein Pfad ist ein kleiner schmaler Weg.

Metaphern haben einen enormen Einfluss darauf, wie Menschen Entscheidungen treffen, und zwar ohne dass es ihnen bewusst wird. Der Psychologe Paul H. Thibodeau und die Kognitionswissenschaftlerin Lera Boroditsky (2011) haben untersucht, welche Wirkung Metaphern auf unser Schlussfolgern haben. In einer Untersuchung wurde den Teilnehmern ein Text zur Kriminalität in der fiktiven Stadt Addison vorgelegt. Bis auf einen Aspekt war der Text für alle identisch, nur die Metapher für die Kriminalität war unterschiedlich. Einige Teilnehmer bekamen »ein wildes Tier«, das die Stadt durchstreift und bedroht, als Bild; für die anderen war die Kriminalität ein Virus. Alle Probanden wurden gebeten, Vorschläge zu machen, wie die Verbrechensrate in Addison reduziert werden könne. Das Erstaunliche: Die Gruppe mit der Metapher »wildes Tier«

sah die Lösung darin, die Verbrecher zu jagen und zu inhaftieren. Außerdem plädierten diese Probanden für strengere Gesetze. Die Teilnehmer mit der Virus-Metapher warben dafür, die Ursache zu erforschen, Bildung zu fördern und gegen Armut vorzugehen. Beide Gruppen gaben an, dass nur die Kriminalitätsstatistik ihre Entscheidung geprägt habe.

Metaphern wirken stark und unsichtbar. Das sollte uns bewusst sein, wenn wir passende suchen. Wissenschaftler wie George Lakoff und Mark Johnson (2018) sind davon überzeugt, dass wir nicht nur in Metaphern sprechen, sondern auch denken. Dann ist die Nutzung guter Bilder zur Erklärung von Sachverhalten erst recht sinnvoll. Aber bitte nicht übersimplifiziert, an den Haaren herbeigezogen oder diskriminierend.

Kommunikation als Senden und Empfangen

Was geschieht, wenn Sie in einem Unternehmen die Frage nach bekannten Kommunikationsmodellen stellen? Die Mehrheit der Menschen dürfte wohl auf das Sender-Empfänger-Modell verweisen. Auch heute wird dieses mehrheitlich genutzt, um Kommunikation zwischen Menschen zu erklären. Das wäre ja nicht weiter schlimm, wenn das die passende Metapher wäre. Das grundlegende Modell, von den Mathematikern Claude E. Shannon und Warren Weaver entwickelt, beschreibt den Austausch von Informationen zwischen zwei Systemen.

Das Ziel, das sie mit diesem binären mathematischen Modell verfolgten, war, die Störanfälligkeit zu reduzieren. Beide Wissenschaftler arbeiteten für eine Telefongesellschaft, und es ging um die technische Informationsübermittlung, nicht um inhaltliche zwischen Menschen. Und Störungen waren beispielsweise das Rauschen oder die Inkompatibilität der Geräte. Die sind in der zwischenmenschlichen Kommunikation nicht das Problem. Das Modell ist insofern für Kommunikation insgesamt unpassend und unterkomplex. Kommunikation zwischen Menschen ist kein zweistelliger Prozess, bei dem

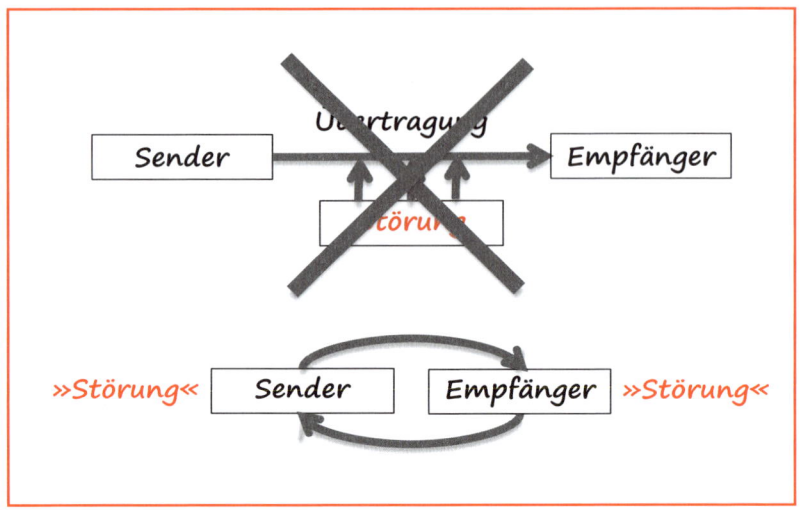

eine Information übertragen wird, die für beide dasselbe bedeutet. Wäre dem so, dann würde es ja ausreichen, eine gute Aussage zu nehmen und sie in klaren Worten zu transportieren. Damit läge die gesamte Verantwortung beim Sendenden, er wäre quasi allein verantwortlich.

Auch wenn heute noch viele Kommunikationstrainings auf diesem Gedanken aufgebaut sind, macht es das nicht wahrer. Es entspricht nicht dem, was sich als Kommunikation beobachten lässt. Außerdem haben wir, denke ich, alle Erfahrung mit der unterschiedlichen Interpretation einer Information. Das alte Sender-Empfänger-Modell hat die Vorstellung gefestigt, dass Kommunikation zielgerichtet ist, Anfang und Ende hat, wahr beziehungsweise richtig ist und wir auf diese Weise die Wirklichkeit ausdrücken können. Und damit scheitern wir häufig. Diagnose: Wir haben ein Kommunikationsproblem. Meine Hypothese: Wir haben ein Verständnisproblem.

Auch wenn Niklas Luhmanns (1987) Verständnis von Kommunikation etwas schwerer verdaulich ist, bildet es meine Denkgrundlage. Jemand, der etwas mitteilt, selektiert zunächst. Das heißt, es wird durch Beobachten und Unterscheiden eine Auswahl getroffen, was mitteilungswürdig ist. Dies ist eine Wahl, eine Entscheidung. Die Mitteilung kann auf verschiedenste Weise vermittelt werden, schriftlich, mündlich, mit oder ohne Ironie, laut oder geflüstert. Das hat erheblichen Einfluss

Das Erkennen einer Differenz von Mitteilung und Information macht Kommunikation erst möglich

darauf, wie sie verstanden werden kann. Und da sind wir am zentralen Punkt von Luhmanns Verständnis, denn das Erkennen einer Differenz von Mitteilung und Information macht Kommunikation überhaupt erst möglich. Wir »verstehen«, wie etwas gemeint ist, das glauben wir zumindest. Erfolgreich ist das nur, wenn wir uns auf einen Code einigen, was was bedeutet. Ansonsten interpretieren wir frei und kommunizieren aneinander vorbei beziehungsweise gar nicht.

Ich erzähle Ihnen nichts Neues, wenn ich behaupte, dass nonverbale Kommunikation einen enormen Anteil in Gesprächen oder in Präsentationen ausmacht. So teilen wir körpersprachlich vieles mit, woraus unsere Gegenüber Informationen ableiten. Beobachten wir bei der Ergebnispräsentation den Vortragenden, wie er mit zitternden Händen den Presenter bedient, so schreiben wir ihm möglicherweise Nervosität zu. Es könnte aber auch sein, dass er unter einer Krankheit leidet und voller Selbstbewusstsein vorne steht. Als Beobachtende können wir auf verschiedenste Weise reagieren. Reagieren wir gar nicht, dann bricht die Kommunikation ab. Es gab doch noch gar keine? Doch, die Mitteilung lag in den zittrigen Händen. Wir können den Kollegen darauf ansprechen. Das ist eine Selektion. Wir können mit anderen Kollegen darüber reden und die wiederum daran anschließen (auch Selektion). Es entstehen immer wieder neue Wahlmöglichkeiten und wir selektieren und gestalten Anschlusskommunikation. Es geht also um den Dreiklang aus Information, Mitteilung, Verstehen – alles Selektionen.

Unterstellen wir für einen Moment, Sie hätten einen Mitarbeiter Herrn Meier, der zu Besprechungen wiederholt zu spät kommt. Das nervt Sie, weshalb Sie ihn um ein Gespräch bitten.

Information:	Zuspätkommen von Herrn Meier nervt Sie.
	Selektion, denn Herr Meier besteht aus mehr als aus diesem einen Verhalten.
Mitteilung:	Sie führen ein Kritikgespräch mit Herrn Meier.
	Selektion: Sie hätten ja auch eine E-Mail schreiben können.
Verstehen:	Herr Meier erkennt, dass dies ein Kritikgespräch ist, und identifiziert das nervende Zuspätkommen als die Information.
Anschluss:	Herr Meier spricht mit Kollegen darüber oder Sie beide treffen sich zu diesem Punkt noch mal.
	Gibt es keine Folgekommunikation, ist die Kommunikation hier zu Ende. Die Folgekommunikation muss nicht zwangsläufig zwischen Ihnen beiden stattfinden.

Kommunikation selbst hat kein Ziel, ist weder richtig noch falsch, sondern sorgt für weitere Kommunikation. Das ist der revolutionäre Gedanke dahinter. Und revolutionär ist er auch nur deshalb, weil das Verständnis für Kommunikation in Unternehmen immer noch ein völlig anderes ist. Wir glauben, oder besser gesagt hoffen, dass Herr Meier nach dem Gespräch nun beim nächsten Mal pünktlich sein wird. Die Idee entspringt aber genau aus der linearen Idee von Senden und Empfangen. Und aus Erfahrung wissen wir auch, dass Kommunikation sehr oft eben nicht direkt und sofort das bewirkt, was wir gerne hätten.

Behandlung

Glaubenssätze prüfen

Ein Behandlungsansatz besteht darin, die eigenen Glaubenssätze zu prüfen. Schauen Sie sich dazu einmal die folgenden Beispiele an:

- »Mitarbeiter sind Ressourcen und sollen funktionieren.«
- »Wir müssen uns absichern, damit wir im Falle des Scheiterns nicht als Verantwortliche am Pranger stehen.«
- »Fehler sind nicht erlaubt, wir gehen lieber auf Nummer sicher.«
- »Konflikte sind nicht erwünscht.«
- »Führung denkt und steuert.«
- »Gute Kommunikation ist gutes, ›richtiges‹ Senden.«
- »Ich kenne *die* Wahrheit.«
- »Menschen haben Angst vor Veränderung.«
- »Mitarbeitende muss man extrinsisch motivieren.«

Diskurs

Ihnen fallen in Ihrer Organisation Unterschiede in Vorgehensweisen, Meinungen, Haltungen und Denkmustern auf? Großartig, nutzen Sie die Unterschiede, um in einen konstruktiven Diskurs zu kommen. Eine Auseinandersetzung statt oberflächlicher Egalisierung bringt Sie in einen Austausch, der zu Verstehen und neuen Ideen führen kann. Statt stundenlang in großer Runde um die »richtigen« Begriffe zu feilschen, laden Sie ein zu »Nicht-einverstanden-Sein«, Perspektivenwechsel und anderen Sichtweisen. Für ein Team oder eine Organisation ist es ein herausfordernder Prozess, die Auseinandersetzung wieder zuzulassen. Genau die brauchen Sie aber in diesen komplexen Zeiten, in denen es den einen oder die eine mit der einzig wahren Antwort nicht gibt.

Dialog statt Monolog

Das Setting für Meetings oder auch Workshops zu verändern und eine andere Form des Gespräches zu wählen, kann sich nicht nur auf die aktuelle Situation, sondern auf die generelle Form der Auseinandersetzung auswirken. Der Dialog als Grundhaltung und Intervention gleichermaßen ist eine sehr gute Möglichkeit dazu und bindet Zuhören, Prüfung der Glaubenssätze, Klartext und Diskurs ein. Mehr dazu im Kapitel »Besprechungsdiarrhö«.

Klartext

Auch so ein Begriff, der ständig verwendet, aber fast nie angewendet wird. Aus meiner Sicht ist es gar nicht so schwer, Klartext zu reden, hier die wesentlichen Aspekte:

◆ Besprechen Sie Thema für Thema, nicht mehrere gleichzeitig.
◆ Gestalten Sie die Beiträge kurz und präzise.
◆ Argumentieren Sie und vertreten Sie Ihren Standpunkt.
◆ »Practice what you preach.«
◆ Bei allem, was Sie beitragen, fragen Sie sich: Ist es relevant?
◆ Lassen Sie Konjunktive weg.
◆ Klären Sie Begriffe, geben Sie ihnen eine Bedeutung.
◆ Ihr Ziel: Diskurs erzeugen.

Zuhören

Es ist (k)eine Kunst, wirklich zuzuhören. Hand aufs Herz, meistens sind wir doch mit uns selbst beschäftigt: Was antworte ich gleich? Das macht mich wütend, was da erzählt wird. Ich will pünktlich zum Sport. Wir nicken und murmeln »Hmmmm, ja … aha«, weil wir das als aktives Zuhören so gelernt haben. Und natürlich gibt es tausend gute Gründe, schließlich interessiert uns das Thema gerade nicht oder die Person redet so langatmig oder, oder, oder. Die gute Nachricht: Sie können das Zuhören trainieren und das macht sogar Spaß. Versuchen Sie, Ihren inneren Dialog anzuhalten, wenn jemand anderes spricht. Nehmen Sie das, was gesagt wird, um die innere Landkarte des Sprechenden kennenzulernen. Halten Sie sich bei der Bewertung des Gesagten so gut es geht zurück und akzeptieren Sie die eventuell andere Sichtweise auf die Dinge. Das ist der erste und wichtigste Schritt zu einem echten Diskurs, zu einem guten Kontakt und zu einer fruchtbaren Auseinandersetzung.

Wirkung

Verbindlichkeit

Es wird nicht mehr über das gesprochen, was man mal müsste, oder über »die anderen«, stattdessen wird die eigene innere Landkarte in Teilen veröffentlicht. Kommunikation wird konkret und Verabredungen werden nachgehalten. Das stellt Verbindlichkeit her, es wird darauf geachtet, ob »gesagt« und »getan« übereinanderliegen. Niemand kann sich mehr hinter einer Folie verstecken oder in losen Andeutungen mit drei Konjunktiven pro Halbsatz »ein bisschen was« sagen.

Eigenverantwortung

Jeder, der an Kommunikation beteiligt ist, ist sich seiner Verantwortung bewusst. Ein »Der oder die andere hat angefangen« gibt es nicht mehr. Dazu gehört, sich selbst zu reflektieren und die Kraft der eigenen Glaubenssätze, Gedanken und Gefühle zu akzeptieren. Niemand in einer Kommunikation ist ohne Wirkung oder ohne Verantwortung für sein Denken und Tun.

In Kontakt kommen

Die Beziehung zwischen Menschen kann eine andere Tiefe erreichen, wenn Kommunikation mehr Verstehenwollen statt Sich-pro-
filieren-Wollen bedeutet. Ein offener Diskurs im Klartext heißt immer auch, mehr von mir als Person zu veröffentlichen, um Motive
und Hintergründe zu erläutern. Das macht mich als Menschen auch
angreifbarer.

Zweckentfremdung

Eigentlicher Zweck und sekundäre Zwecke

Ist Ihre Organisation gesund und verfolgt sie ihren Zweck? Damit meine ich den Zweck ihrer Existenz, das Warum der Organisation. Moment, können Sie einwenden, es gibt doch wohl mehr als einen Zweck in jeder Organisation. Das stimmt, neben dem übergeordneten finden sich natürlich viele weitere Zwecke, in den Bereichen, den Abteilungen und den Teams. Da gibt es den offiziellen Zweck, nach dem das Marketing beispielsweise das gesamte Unternehmen konsequent am Markt ausrichten soll, der Vertrieb Absatz generiert und die Buchhaltung für ein ordentliches betriebliches Rechnungswesen sorgt.

Beobachtet man diese Abteilungen und Teams bei dem, was sie täglich so alles tun, zeigt sich der tatsächliche Zweck. Ist nämlich der eigentliche Zweck einer Aufgabe oder Rolle schwer oder eventuell sogar unmöglich umzusetzen, entwickeln sich mitunter andere Zwecke. Die lassen sich leicht erfüllen und geben den handelnden Personen das Gefühl, zumindest einige Erwartungen erfüllen zu können. Zweckentfremdung ist im eigentlichen Sinne keine Krankheit, erzeugt aber krankhafte Muster in einer Organisation. Die Einstiegsfrage also noch einmal anders: Verfolgt Ihre Organisation unsinnige Zwecke?

Geschwollene Bürokratie

Kaum ein Unternehmen, in dem die Menschen nicht über zu viel Bürokratie klagen! Gleichzeitig wird sie beibehalten und selten ernsthaft hinterfragt oder verringert. Noch schwerwiegender jedoch sind die Fälle, in denen es den Menschen schon nicht mehr bewusst ist, wie viel Aufwand sie für welches Ergebnis betreiben. Schauen wir auf einige Beispiele aus dem gelebten Organisationsalltag. Wie läuft denn bei Ihnen der Rechnungseingangsprozess?

Bei einem meiner Kunden, einem größeren Unternehmen, war genau dies vor Kurzem Gegenstand der Diskussion. Jede Rechnung wird in der Buchhaltung auf formale Korrektheit geprüft und geht dann zur inhaltlichen Beurteilung an einen Prüfer im Fachbereich. Gibt der sein Okay, wird die Rechnung an einen Genehmiger weiter oben in der Hierarchie geleitet, um dann zum Abschluss von einem zweiten Genehmiger endgültig freigegeben zu werden. Wenn Sie jetzt vermuten, dass dieser Aufwand nur für millionenschwere Rechnungen betrieben wird – leider nein. Der Prozess gilt auch für Dienstleisterrechnungen von wenigen Tausend Euro.

Vor einiger Zeit durfte ich eine Workshop-Reihe für ein deutschlandweit tätiges Unternehmen zum Thema Komplexität durchführen. Die Workshop-Tage verteilten sich über mehrere Monate; Teilnehmer waren immer dieselben Personen. Die Personalentwicklung hatte zum ersten Termin einen Karton mit Blöcken, Stiften, Pfefferminzdrops und der Teilnehmerliste zum Standort geschickt. Die teilnehmenden Kollegen und ich verständigten uns darauf, die Liste nach dem letzten Termin der Reihe mit Unterschriften zu versehen und an die PE zurückzusenden. Kurz nach dem ersten Termin jedoch klingelte mein Telefon und eine sehr nette Dame aus der Personalentwicklung fragte nach eben jener Teilnehmerliste. Ich informierte sie über die Vereinbarung, die wir getroffen hatten, und hoffte auf einen ebenso großen Spaß am Pragmatismus, wie ich selbst ihn habe. Ich wurde darüber aufgeklärt, dass das Unternehmen es generell so hält, dass immer pro Seminar oder Workshop eine Teilnehmerliste von allen unterschrieben wird. Das konnte ich einsehen, merkte aber an, dass wir doch immer dieselben Personen seien, sich die Workshop-Tage ja nur einfach über eine längere Zeit verteilen. Wir diskutierten ein wenig hin und her. Am Ende sperre ich mich natürlich nicht (notwendigerweise) gegen die Wünsche meiner Kunden, und ich stimmte zu, nun für jeden einzelnen Termin alle Kollegen unterschreiben zu lassen und die Liste an die PE zu schicken. Die Kollegin seufzte erleichtert und sagte: »Sehr gut, dann sind nämlich meine Ordner schön ordentlich.« Ich würde den Vorgang hier nicht erwähnen, wenn es sich um ein einzelnes Ereignis gehandelt hätte. Es war aber der Auftakt zu einer Reihe ähnlicher Gespräche und Aktivitäten, immer mit dem Ziel, den Prozessen zu genügen und das Berichtswesen vollständig zu halten.

Bei beiden Beispielen ist die Frage notwendig, welchem Zweck denn hier gedient wird. Und damit meine ich den beobachtbaren, den Zweck, der sich irgendwie ergeben hat, weil der ursprüngliche Zweck Rechnungprüfung oder Personalentwicklung nicht erfüllbar ist. Welchen Zweck kann es also haben, wenn Rechnungen von zig Stellen geprüft und freigegeben werden müssen? Meine Hypothese: Es wird vorsorglich ein Verantwortlicher in der Hierarchie gesucht, damit im Fehlerfall das Beschuldigen nicht einfach von oben nach unten stattfinden kann. Und was ist der Zweck ordentlicher Ordner? Meine Hypothese: Personalentwicklung erreicht nie das hehre Ziel, das sich die meisten Unternehmen damit geben. Da aber KPIs auf durchgeführte Seminare und Workshops verabredet sind, will jeder Mitarbeitende den Nachweis der Maßnahmen bestmöglich führen können. Ordentliche Ordner sind nicht der originäre Zweck einer Abteilung Personalentwicklung, so viel steht fest. In beiden beschriebenen Fällen wird jeweils ein Zweck erfüllt, der nichts mit Wertschöpfung zu tun hat.

Ein Handbuch, sie alle zu knechten?

Seit mehreren Jahren schon arbeite ich mit einem Kunden, der politisch brisante und von der Öffentlichkeit intensiv beobachtete Projekte durchführt. Alles Langläufer mit entsprechend hohen Budgets. In den Reihen der Projektmanager sind viele sehr erfahrene Mitarbeitende, die schon alles Mögliche und Unmögliche in ihren Projekten erlebt haben. Nicht zu erwähnen brauche ich, dass die Mitarbeitenden fachlich alle Experten sind. Nun gibt es seit wenigen Jahren ein Projektmanagementhandbuch, in dem niedergeschrieben ist, was ein Projekt ausmacht und wie es durchzuführen ist. Der Inhalt orientiert sich eng am Standard PMBOK und ist auch nicht überdimensioniert, sondern enthält die Aspekte, die für die Organisation und ihre Art von Projekten relevant sind. Und trotzdem wird wiederkehrend darüber diskutiert, dass bestimmte Vorgehensweisen im Handbuch nicht zur gelebten Realität passen. Genau genommen ist es weniger eine Diskussion als ein leises Jammern über die zu erfüllenden Formalismen, die überhaupt keinen Mehrwert stiften.

In vielen solcher Gespräche habe ich die Beteiligten aufgefordert, ihre Meinungen an den Verantwortlichen zurückzuspielen. Da stockt die Diskussion dann jedes Mal. Es scheint nicht denkbar, den Inhalt des einmal veröffentlichen Projektmanagementhandbuches infrage zu stellen. Vielmehr wird jahrelang der Vorgehensweise des Handbuches Genüge getan. Die Welt wird quasi dem Handbuch angepasst, nicht umgekehrt. Das Handbuch ist zum Selbstzweck geworden, und sehr wahrscheinlich ohne dass das jemals die Absicht dahinter war. Also ist auch hier die Frage berechtigt, welcher Zweck erfüllt wird. Die Menschen haben gelernt, Vorgaben hinzunehmen und nicht wirklich zu hinterfragen. Sie vermeiden die Auseinandersetzung um die beschriebenen Vorgehensweisen, wenn sie einfach »handbuchgetreu« ihre Projekte leiten.

Was mich persönlich an solchen Begebenheiten immer wieder erstaunt, ist, dass es sich nicht um unerfahrene oder unsichere Menschen handelt, die lieber einfach tun, was man ihnen sagt. Es betrifft gleichermaßen gestandene Damen und Herren, das Phänomen lässt sich also nicht den einzelnen Menschen als Eigenschaft oder Charakterschwäche zuschreiben, sondern es ist ein Muster in der Organisation.

Gewinn, Effizienz, Arbeitsplätze – oder was?

Was ist der Zweck Ihres Unternehmens? Ha, denken viele Menschen und antworten rasch »Gewinne erzielen«, »Arbeitsplätze schaffen« oder Ähnliches. Und dann stecken sie wahrscheinlich mittendrin in der Zweckentfremdung. Denn genau diese Zwecke lassen sich oft tatsächlich beobachten. Da tut eine Organisation alles, um die Effizienz zu erhöhen, und zwar an jeder Stelle und um jeden Preis. Ich wage zu behaupten, dass sich diese Art der Zweckorientierung in großen, börsennotierten Unternehmen häufiger findet als in mittleren und inhabergeführten. Je stärker eine Organisation auf Silodenken und -handeln ausgerichtet ist und je weniger das Bild des großen Ganzen in den Köpfen der Menschen präsent ist, desto eher entfernt sich der gelebte Zweck vom eigentlichen. Zudem muss man berücksichtigen, dass es übergeordnet einen Unternehmenszweck gibt und gleichzeitig jede Menge weitere Zwecke in der Organisation selbst. Es ist also auch immer eine Frage der Perspektive, aus der man auf die Unternehmen und ihre Aktivitäten schaut.

Der springende Punkt an dieser Stelle ist, dass der auf Unternehmensebene aufgeschriebene Zweck und der beobachtbare auseinanderlaufen können. Da predigen beispielsweise große Telekommunikationsanbieter, sich ausnahmslos dem Nutzen ihrer Kunden verschrieben zu haben, intern jedoch drehen sich alle Führungskreisdebatten um die Einsparung von Personal und das Auslagern von Tätigkeiten in Billiglohnländer. Jetzt können Sie einwenden, dass Sparen und Effizienzsteigern eine taktische Maßnahme und zweckdienlich seien, und da mögen Sie teilweise recht haben. Kurz- oder mittelfristig können Gewinnmaximierung oder Kostenreduktion konkrete Ziele sein, aber nicht der Zweck selbst. Der eigentliche Zweck eines Unternehmens ist ein größerer und steht im gesellschaftlichen Kontext.

Langfristig konterkariert gerade der Dreiklang aus Gewinnmaximierung, Kostenreduktion und Effizienzsteigerung jede Kundenorientierung. Bei manch namhaftem Unternehmen ließ sich die Konsequenz der Zweckentfremdung an verlorenen Kunden, schlechter werdenden Produkten, gruseligem Service oder auch am Verlust der Marktstellung erkennen. Der einzige Zweck eines Unternehmens ist der Kundennutzen. Wie dieser Zweck dauerhaft erfüllt bleibt, ist dann auch mal eine Frage von Arbeitsplätzen oder Gewinnen. Aber langfristig ist es Ihr Kunde, der für Gewinne

Der einzige Zweck eines Unternehmens ist der Kundennutzen

und Arbeitsplätze sorgt, indem er Produkte und Dienstleistungen bei Ihnen kauft und eben nicht beim Mitbewerber.

Es ist wie bei den Ordnern in der Personalentwicklung, es geht darum, was eine Organisation tut. Das Handeln macht den gelebten Zweck sichtbar. Und das ist erst mal ihr Zweck, unabhängig von den netten Formulierungen auf der Homepage oder in den Leitlinien.

Pathogenese

Es wäre schön, wenn der Zweckentfremdung ein singuläres Krankheitsbild zugrunde läge, das sich schnell erkennen und heilen ließe. Auch hier gibt es jedoch, wie nicht anders zu erwarten, verschiedene Ursachen.

Die Möglichkeiten heiligen den Zweck

Bei so manchen Dingen, die in Organisationen ablaufen, fragt man sich, warum die Menschen die offensichtlich sinnlosen Dinge mitmachen. Warum werden Weiterbildungsmaßnahmen »durchgezogen«, auch wenn alle Beteiligten sich darüber einig sind, dass weder Thema noch Zeit passend sind? Wieso befüllen viele Vertriebsmitarbeitende weiterhin irgendwelche Forecast-Systeme mit frei erfundenen Zahlen zu Abschlusswahrscheinlichkeiten? Und weshalb führen denkende Menschen Prä-Audits durch, um eine Auditierung vorzubereiten? Man könnte nun leicht wieder unterstellen, dass es an den handelnden Personen liege, das glaube ich allerdings nicht. Schließlich findet all das auf der Basis einer Verabredung statt, über die Struktur des Systems nämlich. Gleichzeitig ist es oft leichter, den vordergründigen Zweck zu erfüllen, als sich mit dem grundlegenden zu beschäftigen. Für das jeweilige System und damit auch für die Menschen geht es dabei um Gewinn oder um Vermeidung. Wird wider besseres Wissen nach Prozessen vorgegangen, die keinen Sinn stiften, so kann es sich um eine Vermeidungsstrategie handeln. Eventuell ist der sich ergebene Zweck an der Stelle die Erhaltung der Harmonie oder der Gehorsam gegenüber einer Rolle. Auseinandersetzung und Diskurs werden somit vermieden, der Burgfrieden ist gewahrt.

Der zweite Blick, den man auf den beobachtbaren Zweck wirft, sollte dem Gewinn gelten. Was hat ein Mensch beziehungsweise ein Team oder eine Organisation davon, wenn beispielsweise die Detailplanung zu einem Projekt wieder und wieder in der großen Runde diskutiert wird? Was ist der Mehrwert von »Planung ohne Ende«? Eventuell stellt das Projekt eine scheinbar nicht lösbare Aufgabe dar, es ist komplex und nicht durchschaubar. Die Planung aber lässt sich handhaben, sie lässt sich umfassend gestalten und man hat etwas produziert. Der Soziologe Dietrich Dörner (2003) nennt diesen Effekt Einkapselung. Menschen, die – gerade in komplexen Kontexten – in der Erfüllung ihrer Aufgabe immer wieder mit Pannen und Hindernissen konfrontiert sind, suchen nach etwas, das sie können. Der Zweck, den sie leicht erfüllen können, hat dann nur oftmals nichts mehr mit dem originären Zweck ihrer Aufgabe zu tun.

Auch hier möchte ich noch mal ausdrücklich anmerken, dass somit nicht einfach nur die falschen Leute an den richtigen Aufgaben sitzen. Es ist vielmehr die Frage notwendig, unter welchen Bedingungen wir welchen Zweck erfüllen wollen. Ist das, was wir als Abteilung oder Unternehmen tun wollen, so möglich? Oder haben wir mit all den Methoden, Prozessen, Validierungen & Co. den Weg unpassierbar gemacht und weichen deshalb auf Nebenwege aus? Um eine erste Antwort auf diese Fragen zu finden, betrachten Sie das Ausmaß an Bürokratie in Ihrer Organisation.

»Einen Antrag auf Erteilung ...

... eines Antragsformulars zur Bestätigung der Nichtigkeit des Durch-schriftexemplars, dessen Gültigkeitsvermerk von der Bezugsbehör-de stammt zum Behuf der Vorlage beim zuständigen Erteilungsamt« sang schon Reinhard Mey. Viele Organisationen können ebenfalls ein Lied davon singen. Unternehmensintern sind von allen für die turnusmäßigen Mitarbeitergespräche mehrere Templates auszufül-len, jeder Kontakt mit dem Kunden muss im CRM-System genaues-tens dokumentiert sein, für alle möglichen Aktivitäten gibt es einen Laufzettel. Je nach Geschäftsmodell ist das aber noch gar nichts im Vergleich zur Antrags- und Dokumentationspflicht nach außen.

Bürokratieabbau ist seit Jahrzehnten ein Dauerthema in Politik und Wirtschaft; am Empfinden der Unternehmensmitarbeitenden hat sich jedoch nichts gravierend verändert. Ob in Kitas, Pflegediensten, Arztpraxen, Kommunen oder IT-Häusern, sie alle klagen über das hohe Maß an Berichts- und Beweispflicht. Eine Studie im Auftrag der Firma Sage (2015) ergab ein Ranking der wesentlichen Büro-kratietreiber bei den befragten Mittelständlern (in Prozent aller Be-fragten):

- Steuern 88 Prozent
- Sozialversicherung bzw. -abgaben 80 Prozent
- Arbeitsschutz und -sicherheit 78 Prozent
- Statistik- und Dokumentationspflichten 73 Prozent
- Arbeits- und Sozialrecht 70 Prozent

Bürokratie kann effektiv sein – aber nur bei standardisierbaren Abläufen Genau genommen ist die Bürokratie selbst auch ein Symptom, und zwar gemäß ihrer Definition in der klassischen Betriebswirt-schaftslehre. Demnach ist Bürokratie eine Organisationsstruktur, durch die Aktivitäten mithilfe von standardi-sierten Abläufen und Verfahren koordiniert werden. Der Soziologe Max Weber (1922) hielt Bürokratie seinerzeit für die effizienteste Organisationsform. Und auch wenn der Begriff heute negativ kon-notiert ist, hält sich dieser Grundgedanke in heutigen Organisationen hartnäckig. Die Kritik an diesem Verständnis ist auch nicht neu und hatte mit William Whyte (1958) einen populären Vertreter. Whyte skizzierte das Bild des Individuums, das im Namen der Effizienz von der Bürokratiemaschine gefressen wird. Sie wird immer an dem Punkt zum Selbstzweck, an dem sie auf etwas angewendet wird, das sich der Idee von standardisierten Abläufen entzieht. An dem Punkt, an dem sie auf Komplexität trifft.

Bürokratie will vereinfachen, zentral steuern und dabei am liebsten Best Practices nutzen. Das ist in Ordnung, solange das in entsprechend einfachen Kontexten geschieht. Spätestens dort, wo Menschen denken, eigenverantwortlich arbeiten und Ideen generieren sollen, führt ein hohes Maß an Standardisierung und zentraler Koordination jedoch zu Problemen. Ist eine Organisation dann nicht in der Lage, die von ihr geschaffene Bürokratie zu hinterfragen, wird diese zum Selbstzweck. Den Menschen in den Unternehmen bringen wir auf Dauer einerseits bei, den Prozessen zu gehorchen und das selbstständige Denken einzuschränken. Andererseits finden Menschen kreative Wege drumherum, wenn es sein muss. Ist es zu schwierig, eine Dienstleistung aus dem Projektbudget zu beauftragen, wird eben ein anderer Geldtopf angezapft, der leichter zugänglich ist. Oder denken Sie beispielsweise an unser Gesundheitssystem mit seinen Belohnungsanreizen. Ich kenne Menschen, die erst dann wieder zum Zahnarzt gehen, wenn es sich laut Bonusheft lohnt, und nicht mehr sofort bei Bedarf. Häufig entwickeln sich so sekundäre Zwecke. Das zeugt eigentlich nur von gesundem Menschenverstand, führt in Unternehmen aber leider zu Misstrauen und noch mehr Kontrolle. Ein Teufelskreis entsteht.

In manchen Unternehmen erwächst das Zuviel an bürokratischem Aufwand weniger aus der Idee von Standardisierung als aus dem Bedürfnis nach Kontrolle. Dies hat mit dem Menschenbild der Organisation zu tun und wird in den Kapiteln »Machthysterie« und »Führungsschizophrenie« ausführlich betrachtet.

Ein Unternehmen ist dazu da, Geld zu verdienen

Gewinnmaximierung als oberste Prämisse ist zwar ein sehr spezifischer Zweck, da er aber wichtig ist, möchte ich ihn hier kurz behandeln. Meiner Kenntnis nach wird auch in der aktuellen Betriebswirtschaftslehre gelehrt, dass der Zweck eines Unternehmens Gewinnmaximierung sei. Im »Wöhe«, der Bibel der BWL, wird dieses Verständnis nach wie vor propagiert, obwohl dieser Ansatz in der Wirtschaft durchaus konträr diskutiert wird. Was geschieht, wenn der Gedanke der Gewinnmaximierung konsequent umgesetzt wird? Welche Investitionen werden noch getätigt? Welche Bedeutung haben Kundenwünsche? Wie können sich Mitarbeitende einbringen und mitgestalten? Es würde bedeuten, dass alle Ziele sich dem unterzuordnen hätten, konsequent. Also, wie gestaltet sich demnach Ihre Preisstrategie, die Wahl der Technologien, mit denen Sie eventuell arbeiten, und so weiter? Nein, Gewinnmaximierung ist vielleicht ein konkret verabredetes Ziel, aber – wie bereits erwähnt – nicht der übergeordnete Zweck. Wenn es um den Unternehmenszweck geht, zitiere ich gerne Peter Drucker (1973):

> *There is only one valid definition of business purpose: to create a customer [...]. It is the customer who determines what a business is. It is the customer alone whose willingness to pay for a good or for a service converts economic resources into wealth, things into goods [...]. The customer is the foundation of a business and keeps it in existence.*

Die Idee, Gewinnmaximierung als übergeordnetes Ziel oder gar Zweck zu verfolgen, ist alt und längst überholt. Aber wie bei anderen Überzeugungen, die schon lange auf die Müllhalde der Unternehmensdenke gehören, lebt der Gedanke weiter. Mir ist an dieser Stelle wichtig, die Bedeutung dieser Haltung klarzumachen. Der Zweck, den Sie Ihrem Unternehmen zuschreiben, hat eine enorme Bedeutung für alles, was Sie tun. Sie schaffen entsprechende Strukturen, Maßnahmen, Prozesse, Prinzipien und Regeln in Abhängigkeit von Ihrem mentalen Modell.

Behandlung

»The purpose of a system ...«

Den Zweck eines Systems, wie Organisationen es sind, zu verstehen, ist mitunter nicht einfach. Dabei ist der Zweck, zusammen mit der Struktur, von entscheidender Bedeutung, wenn man eine Organisation verstehen will. Und Verstehen kommt vor Einflussnehmen. Um Zweckentfremdung zu heilen, müssen die Zwecke erkannt werden. Der Kybernetiker Stafford Beer prägte den Satz: »The purpose of a system is what it does« – und verdeutlichte damit, dass der gelebte Zweck sich im Handeln und Tun erkennen lässt. Dazu bedarf es der Betrachtung von Vorgängen über die Zeit, ein Schnappschuss liefert keine hinreichenden Informationen. Gleichzeitig liegt oft ein Zweck hinter dem Zweck eines Verhaltens. Es braucht also investigative Forscherarbeit, um den jeweiligen Zweck erkennen zu können. Lohnt der Aufwand denn? Oh ja, die Hebelwirkung ist enorm.

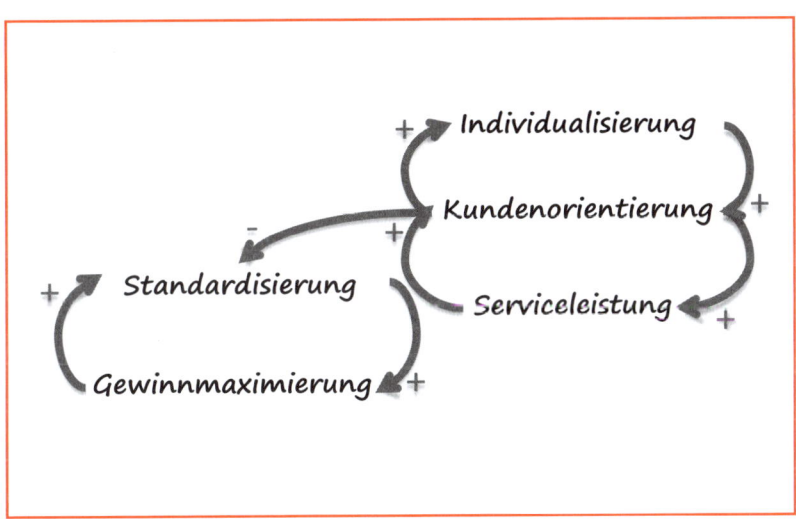

In einem Beratungsprozess stellte das Führungsteam, das ich begleitete, sein Modell der Organisationswelt im abgebildeten Wirkungsdiagramm (Auszug) dar. Bei genauer Betrachtung der Wechselwirkungen wurde schnell klar, dass eine echte Kundenorientierung, die über den Ansatz »Wir machen tolle Services, wenn der Kunde dafür extra bezahlt« hinausgeht, nicht möglich ist, solange der eigentliche Zweck die Gewinnmaximierung ist. Kundenorientierung führt in dieser Kundenwelt zur Individualisierung von Produkten und zu einem Mehr an Serviceleistungen. Für die optimale Gewinnmaximierung wird jedoch auf Standardisierung gesetzt und versucht, möglichst wenig Service erbringen zu müssen. Mit dieser Einsicht kann die Diskussion um Kundenorientierung anders geführt werden, und das wird sie gerade auch.

Es macht einen sehr großen Unterschied, welchen Zweck ein System erfüllt. Der De-facto-Zweck ist beobachtbar, während der nominelle oft wohlformuliert im Leitbild liegt. Dass es einen Unterschied zwischen den beiden geben kann, ist wohl offensichtlich. Was können Sie konkret tun, nachdem Sie Zweckbeobachtung betrieben haben? Sie analysieren, am besten im Diskurs mit anderen, welchen Zweck beispielsweise die Personalentwicklung eigentlich hat, welchen sie tatsächlich erfüllt (oft ja mehrere) und wo die Gründe liegen, dass der originäre Zweck nicht erfüllt werden kann. Bei der Suche nach Gründen schauen Sie vor allem auf die Struktur des Systems. Wo in den Verabredungen von Zusammenarbeit liegen die Hindernisse? Welche Vorgaben, Ziele, unausgesprochenen Erwartungen, KPIs, Compliancevorstellungen etc. verhindern die Zweckerfüllung? Betrachten Sie bitte auch die Wechselwirkungen, Hintergründe und Muster im Verhalten und in der Kommunikation.

Zweckentfremdung hört auf, wenn die eigentlichen Aufgaben erledigt werden können, ohne Umwege und Störungen. Es ist grundsätzlich erfolgversprechender, die Hindernisse zu beseitigen, als an den entfremdeten Zwecken herumzudoktern, denn sie entstehen ja nicht grund- beziehungsweise zwecklos.

Radikal ausmisten und hinterfragen

Trägt das, was wir hier tun, zur Wertschöpfung bei? Das könnte die erste Fragestellung sein, mit der Sie beginnen, Zweckentfremdung aus Ihrer Organisation zu entfernen. Dabei verstehe ich Wertschöpfung als Nutzen für den Kunden abzüglich des eigenen Aufwandes beziehungsweise der Vorleistungen. Für alle Aktivitäten und Routinen, für die die Antwort Nein lautet, sollten Sie diskutieren, was das bedeutet. Sind diese Tätigkeiten immerhin wertermöglichend? Wollen Sie auf das Vertriebs-Forecasting zukünftig verzichten und die Zeit lieber mit Kundenkontakt verbringen? Wie gehen Sie mit den nicht wertschöpfenden Aspekten im PM-Handbuch um? Passen Sie das Handbuch der Realität an und ändern es? Wozu dient die Bürokratie, so wie Sie sie geschaffen haben, eigentlich? Soll sie Kontrolle und zentrale Steuerung ermöglichen, welches mentale Modell steht bei Ihnen dahinter? Welches Menschenbild hat Ihre Organisation und zu welchen Strukturen und Zwecken hat das geführt? Braucht Ihr mentales Modell ein Update? Welchen übergeordneten Zweck hat Ihr Unternehmen de facto? Sollte er Gewinnmaximierung lauten und es sich dabei nicht um eine kurzfristige taktische Maßnahme handeln, ist das ein Glaubenssatz, der auf jeden Fall auf den Prüfstand gehört. Der Autor Steve Denning (2018) hat in einem seiner Artikel die alte Denke der Gewinnmaximierung dem radikalen Management (wie er die konsequente Kundenorientierung nennt) gegenübergestellt. Für die Auseinandersetzung in Ihrem Unternehmen finden Sie wesentliche Aspekte der Betrachtung in der nachfolgenden Tabelle (erstellt nach Denning 2018 – auszugsweise und frei übersetzt):

	Die Ökonomie der Gewinnmaximierung	Die Ökonomie des radikalen Managements
Ziele	Das Ziel eines Unternehmens ist die Maximierung des Shareholder-Values.	Das Ziel einer Firma ist es, Kunden zu gewinnen.
	Die Aufgabe eines Managers ist es, den Gewinn zu maximieren.	Die Aufgabe eines Managers besteht darin, kontinuierlich Mehrwert für die Kunden zu schaffen und gleichzeitig der Firma und ihren Aktionären eine angemessene Rendite zu bieten.
	Innovation ist optional, abhängig von den spezifischen Möglichkeiten, die Gewinne zu sichern.	Kontinuierliche Innovation ist eine Voraussetzung für das Überleben.
	Gewinnmaximierung ist das Gesamtziel des Unternehmens, dem alle anderen organisatorischen Teilziele untergeordnet werden.	Kundennutzen zu schaffen, ist das übergeordnete Ziel des Unternehmens, dem alle anderen organisatorischen Teilziele untergeordnet werden.
Bewertung	Das grundlegende Maß bei der Fortschrittsmessung zur Erreichung des Unternehmensziels ist die Höhe der kurzfristigen Gewinne.	Das wichtigste Maß für die Fortschrittsmessung bei der Erreichung des Unternehmensziels ist der Net Promoter Score des Unternehmens.
Angebot	Die meisten Produkte und Dienstleistungen sind Standardwaren in stabilen Märkten.	Produkte und Dienstleistungen werden in hochdynamischen Märkten zunehmend differenziert oder personalisiert.
	Die meisten Produkte und Dienstleistungen haben stabile Nachfragekurven. Diese sind leicht zu ermitteln und bilden eine gute Grundlage, um Entscheidungen zu treffen.	Produkte haben zunehmend instabile Nachfragekurven, die sich schnell verändern.

	Die Ökonomie der Gewinnmaximierung	Die Ökonomie des radikalen Managements
Gewinne und Wert	Kurzfristige Gewinne führen unweigerlich zu langfristigem Wert für das Unternehmen und seine Aktionäre.	Kurzfristige Gewinne werden nicht als langfristiger Wert für das Unternehmen und seine Aktionäre betrachtet.
	Es gibt keine »schlechten Gewinne«.	Schlechte Gewinne müssen gefunden und aus dem Unternehmen entfernt werden.

Wirkung

Weniger zu tun

Wenn Sie ernsthaft und konsequent der Zweckentfremdung auf den Grund gehen, werden, so meine Hypothese, einige Aktivitäten und Aufgaben in Ihrem Unternehmen entfallen. Damit gewinnen Sie Zeit, die Sie für wertschöpfende Tätigkeiten verwenden können.

Blödsinn wird transparent

Gerade wenn es um Bürokratie geht, fördert der Diskurs einige Stilblüten überbürokratisierten Handelns zutage. Es ist darauf zu achten, dass das Handeln nicht an den einzelnen Menschen festgemacht oder sogar deren Persönlichkeit zugeschrieben wird. Zum einen wäre das sachlich falsch und zum anderen würden Sie so Menschen an den Pranger stellen und damit die Aufmerksamkeit in die falsche Richtung lenken. Die Strukturen prägen das Wie der Zusammenarbeit viel stärker als der Charakter eines Einzelnen. Auch Blödsinn entsteht im System und an dem sind alle beteiligt.

Vertrauen

Die Gretchenfrage menschlicher Zusammenarbeit wird sich auf dem Weg raus aus der Zweckentfremdung immer wieder stellen. Das geschieht sowohl auf der Ebene der Führung als auch bei allen Mitarbeitenden. Es geht um das Zutrauen in die Fähigkeiten der Menschen, selbst entscheiden und gestalten zu können, und auch um Vertrauen in Bezug auf Ehrlichkeit und Offenheit. Vertrauen ist immer ein Prozess und wächst in dem Maße, in dem das Gegenüber sich als vertrauenswürdig erweist. Sich verlässlich zu zeigen, also zu tun, was man sagt, ist der entscheidende Schritt dabei. Zu bedenken ist an dieser Stelle, dass Vertrauen nicht nur zwischen Individuen existiert. Es gibt auch ein Vertrauen der Mitarbeitenden in die Organisation. Ist das gestört, so braucht es auch hierüber einen offenen Diskurs, wie Vertrauen wieder gefördert werden kann.

Verknöcherte Organisationsstruktur

Der Ruf nach Flexibilität

Der Ruf nach mehr Flexibilität, Anpassungsfähigkeit und Agilität ist seit Jahren laut und bunt. Die Mitarbeitenden sollen flexibler denken, sich schneller den Veränderungen anpassen. Die Führungskräfte agiler und digitaler führen. Die Unternehmen sollen sich transformieren, um in der digitalen Welt zu bestehen. Dort, wo so viel Flexibilität gefordert wird, bleibt eines erstaunlich unverändert und starr: die formale Hierarchie.

Formale Hierarchie, ob flach oder steil, bleibt bei der Idee einer zentralen Steuerung, und die ist überholt, sobald es um Komplexität geht. Dezentralisierung ist angesagt. Die Debatte über (De-)Zentralisierung ist nicht neu, aber nach wie vor notwendig. Es geht dabei um die Frage, ob zentralistisch-hierarchische Steuerung, dezentrale marktorientierte Selbststeuerung oder eine Mischform *die* Lösung der Organisationsgestaltung ist. In der Realität finden sich, wie sollte es auch anders sein, viele Mixturen. Gerade Unternehmen, die viel Arbeit in Projekten abwickeln (wobei das Wort »abwickeln« hier schon einen Denkfehler anzeigt), loben die Matrix-Organisation aus. Manches Mal ist die Benennung der Organisationsstruktur aber auch nur Makulatur und für die Veröffentlichung eines gefälligen Organigramms gemacht. Denn der Gedanke hinter der Struktur ist der einer zentralen hierarchischen pyramidalen Steuerung.

Die vielen Diskussionen um Hierarchie bleiben meist bei der Bedeutung für die internen Prozesse und die Führung hängen. Dabei wird jedoch ein zentraler Aspekt übersehen. Die Form der Steuerung, die ein Unternehmen wählt, sagt auch etwas über seine Sicht auf die Märkte aus. Was glaubt ein Unternehmen, wie Kunden akquiriert, Marketing betrieben und Produkte verkauft

Die Form der Steuerung, die ein Unternehmen wählt, sagt etwas über seine Sicht auf die Märkte

werden? Was glaubt ein Unternehmen, wie der Markt tickt? Was glaubt ein Unternehmen, wie es organisiert sein muss?

TUI hat eine, ProSieben einen, Ratiopharm eine und BASF einen. Die Rede ist vom Chief Digital Officer (CDO). Seit in den letzten Jahren die digitale Transformation auf den Strategieplänen der Unternehmen gelandet ist, wurde sogleich eine neue Rolle ausgerufen und in den Organisationen meist auf Höhe des CIO, CFO und CTO gehängt. Heißt, dem Organigramm wird ein Kästchen hinzugefügt und die formale Hierarchie erweitert. Der CDO bekommt Mitarbeitende, Teams, eine formale Struktur und Zielvorgaben. Die Aufgabe ist nicht mehr oder weniger, als das Unternehmen zu transformieren und fit für die digitale Zukunft zu machen. Ein Unterfangen, das alle Bereiche betrifft, also interdisziplinär angelegt ist. Er oder sie soll keinen Stein auf dem anderen lassen, wird aber als Erstes brav in die Hackordnung einsortiert. Chefsache sieht anders aus, ist der eine Aspekt. Der zweite: Diese Vorgehensweise offenbart, wie Organisation strukturell meist gedacht wird, formalhierarchisch, pyramidal nämlich. Flexibilität wird vom CDO gefordert und soll auch das Ergebnis sein, aber in Bezug auf die eigene Struktur bitte erst mal nicht. Die formale Struktur, gerne als das Skelett einer Organisation bezeichnet, bleibt starr.

Die Digitalisierung macht auch vor meinen Kunden nicht halt, und so ist es nun passiert, dass das Unternehmen ein »Innovation-Lab« gegründet hat. Gemeinsam mit Mitbewerbern aus der Branche hat man schicke Lofts angemietet, in denen neue Ideen entstehen sollen. Fernab von den anderen Standorten, mit Krawatten-Weglass-Gebot, offenen Räumen, einem riesigen Vorrat an Post-its und vorgedruckten Canvas- und Design-Thinking-Plakaten. Der HR-Bereich hat diese Einrichtung forciert und hofft darauf, dass die neue Form von Zusammenarbeit vom Lab in die Organisation schwappt und so den gewünschten Kulturwandel beflügelt. Die Menschen, die im Lab arbeiten, tun das projektbezogen. Sie werden immer noch von ihren Linienvorgesetzten gesteuert und auch schnell mal »abgezogen«, wenn es an einer Stelle brennt, die zielvorgabenrelevant ist.

Dieser Ideeninkubator wurde etabliert, nachdem sich agiles Arbeiten nach anfänglicher Euphorie als »schwer umsetzbar« erwiesen hat. Die Organisation bleibt eben, wie sie ist. Die Strukturen, Mechanismen, der Versuch der zentralen Steuerung und die mentalen Modelle sind die alten. Um eine verknöcherte Wirbelsäule können Sie gerne ein Gummiband wickeln oder es danebenlegen, das Rückgrat macht das jedoch nicht flexibler. Die Teams sind klein und übersichtlich. Weniger formale Hierarchie und mehr Selbststeuerung gehen nur in kleinen Gruppen und Organisationen, das sitzt als Denkmuster fest und tief in den Menschen. Nicht nur im Management, sondern auch bei allen Mitarbeitenden gehört »Einer muss sagen, wo es langgeht« zum mentalen Modell. Das wäre ja nicht weiter schlimm, wenn nicht erstens die gleichzeitige Forderung nach totaler Flexibilität im Raum stünde, wenn zweitens Wissensarbeit eine triviale Angelegenheit wäre und drittens die Märkte vorhersagbar und überraschungsfrei wären.

Vor einigen Jahren nahm ich ein Beratungsmandat an, das die Rettung eines Projektes mit erheblicher Schlagseite zum Ziel hatte. Eine große IT-Organisation hatte in einem Outsourcing-Projekt die gesamte Rechnungsabwicklung für eine Einzelhandelskette übernommen. Nach einiger Zeit war die Liste der technischen Mängel und Fehler so lang, dass auf Ebene der Geschäftsleitungen eine Taskforce beschlossen wurde. Zwei bewährte Projektmanager des IT-Dienstleisters und ich bildeten diese Kriseneinsatzgruppe und sollten für schnelle Stabilisierung sorgen. Einige Male schon hatte ich eine solche Aufgabe wahrgenommen, und so dachte ich auch diesmal, dass wir als flexible Einheit, die außerhalb der üblichen Strukturen agierte, schnelle Sofortmaßnahmen und gute Einsichten würden generieren können.

Was aber tatsächlich geschah: Wir bekamen ein eigenes Steering-Committee, dem wir täglich zu berichten hatten. Die Situation war ja hochbrisant, weshalb sich einige Manager aus der Linienorganisation entschieden hatten, die Berichtsrunden mit uns vorzubereiten. Um nicht nur die Formulierungen, sondern auch die Formatierung zu wahren, gab es ein Template zu befüllen und im üblichen Ampel-

Reporting-Stil zu nutzen. Ich brauche wohl nicht zu erwähnen, wie viel Zeit für die Vorbereitung der Steering-Committee-Sitzungen verloren ging.

Unsere Idee für den Einstieg war, in Gesprächen mit Beteiligten aus beiden Unternehmen einen Überblick zu bekommen. Auch da war uns ein Weg vorgegeben, denn aufseiten des Einzelhandelsunternehmens durften wir uns lediglich in die Status-Meetings einwählen und ein paar Fragen stellen. Das oberste Management hatte, noch bevor wir überhaupt zu irgendetwas gekommen waren, Sorge, dass die Taskforce nicht ausreichend systematisch und geordnet arbeiten könnte. So wurde ein Projektleiter bestimmt. Der Kollege war zertifizierter Six Sigma Black Belt und sollte für einen qualitätsgeprüften Prozess in unserer Gruppe sorgen. Um es kurz zu machen: Wir wurden gesteuert, mit Bürokratie überflutet, in der Vernetzung mit den beteiligten Menschen behindert und im Nullkommanix waren wir in den Details des Projektes verfangen. Ergebnisse produzierten wir wenige, und wir wurden aufgelöst, ohne nennenswerten Mehrwert für das Projekt erreicht zu haben. Eine Taskforce ohne Möglichkeiten, Einsichten oder Ergebnisse. Aber wir hatten eine saubere formale Struktur. Eine starre Organisation in einer starren Organisation, zentral gesteuert. Flexibilität geht anders.

Partizipation, bitte!?

In den Veröffentlichungen vieler New Worker, Agilisten und anderer Anhänger moderner Organisationsgestaltung finden sich zahlreiche, teils populäre Beispiele, wie Unternehmen ein Mehr an Partizipation umsetzen, um von der pyramidalen Hierarchie wegzukommen. Mit Stolz wird verkündet, dass es nun Town-Hall-Meetings gibt, in denen die Geschäftsführung sich mit den Mitarbeitenden austauscht. Früher nannte man das Mitarbeiterversammlung, heute aber haben Berater es zur Methode erhoben. Die Mitarbeitenden dürfen dort ihre Meinung zur vorgestellten Strategie oder zum Veränderungsprojekt äußern und später in Kleingruppen ihren Beitrag zur Erreichung der Unternehmensziele erarbeiten.

Ist doch ein Anfang, kann man anmerken, schließlich diskutieren in tradierten Organisationen ausschließlich die Führungskräfte, wie ihre Mitarbeitenden die Ziele erreichen. Revolutionär ist das aber sicher nicht; und von Partizipation zu sprechen, wo es um ein bisschen mehr Transparenz und Meinungsäußerung geht, springt zu weit. Denn die Geschäftsführung geht danach wieder in ihr Kämmerlein und entscheidet. Oben denken, nach unten fragen und unten arbeiten. Das Spiel wird so vielleicht verbessert, aber nicht verändert. Das, was als Partizipation gepriesen wird, ist maximal Beteiligung.

Klar gibt es Beispiele von Unternehmen, die dezentral organisiert sind. Die alten Bekannten wie Gore, Semco oder dm-Drogeriemarkt. Bei ihnen handelt es sich aber nicht um eine neue Erfindung, sondern um ein seit vielen Jahrzehnten gelebtes Prinzip. Auch jüngere Beispiele finden sich wie etwa sipgate, Haufe Umantis, Blinkist oder Buurtzorg. Und dann wären da noch die großen Tanker à la Bosch, Daimler, Telekom oder Deutsche Bahn, die in Thinktanks, Labs oder einzelnen Unternehmensbereichen stärkere Beteiligung proben. Das ist schön und bestens fürs Storytelling geeignet, bleibt am Ende des Tages aber meist oberflächliche Makulatur. Das meiste, was sich unter Etiketten wie Partizipation, Agilität, Holokratie & Co. findet, sind Lippenbekenntnisse. Denn das, was notwendig ist, nämlich eine Flexibilisierung der Organisation, um auf die Komplexität des Marktes antworten zu können, schaffen sie mit Insellösungen oder Labs nicht. Es bleibt formal strukturell alles beim Alten, verknöchert und unflexibel. Immer noch ist es eine kleine, elitäre Gruppe von Unternehmen, die wirklich bereit ist, »Command and Control« gegen Selbststeuerung einzutauschen.

Was aber ist mit den vielen agilen Projekten? Dort wird Selbstorganisation doch wirklich gelebt, oder? Schön wäre es. Bei meinen Kunden bewege ich mich viel in den »agilen Kreisen«, zudem besuche ich immer mal wieder Barcamps zum Thema, um im Austausch zu sein. So kam es vor einiger Zeit zu einer spannenden Unterhaltung mit und zwischen diversen SCRUM-Mastern, die stellvertretend für viele dieser Gespräche steht. Denn auch in der so hochgelobten

Agilität ist längst nicht alles Gold, was glänzt. Es ging um Selbstorganisation und das Verständnis der Rolle des SCRUM-Master. Die Teilnehmenden schilderten ihre Aufgaben und Tätigkeiten, und es zeigte sich schnell, dass sie weniger eine unterstützende als vielmehr eine steuernde Aufgabe wahrnehmen.

Ohne sie gehe es definitiv nicht, erläuterte eine Dame. Ihr Team wisse doch dann gar nicht, wie vernünftige Kommunikation funktioniere und an welchen Stellen die Zusammenarbeit hake. Das zu wissen, sei schließlich ihr Job. Die SCRUM-Master, da waren sich die meisten einig, seien schließlich diejenigen, die wissen, wie es läuft in agilen Projekten. Da sollten sich die Menschen in den anderen Rollen mal eine Scheibe von abschneiden. Wenn man sich für SCRUM entschieden habe, dann müsse die Methode auch astrein und blitzsauber durchgezogen werden.

Mir stellt sich hier die Frage, ob es mangelnde Flexibilität oder zwanghafte Methodengläubigkeit ist, unter der manche Agilisten leiden? In der weiteren Diskussion gab der eine oder andere offen zu, dass noch mehr Selbstverantwortung im Team für ihn nicht aushaltbar sei. Schaut man genau hin, dann ist diese Masterrolle oftmals eben eine herausgehobene, die nicht auf Augenhöhe mit dem Team liegt. Eine, für die es mehr Anerkennung gibt als für andere. Das ist nicht verwunderlich, denn in vielen tradierten Organisationen gibt es Anerkennung für Position, Rolle und/oder Kontrolle. Zudem habe ich persönlich noch kein Unternehmen gesehen, das SCRUM so umgesetzt hat, dass die übergeordnete Organisation nicht doch reinregiert, wenn es jemand für notwendig hält. Und das finden die SCRUM-Master in der Diskussionsrunde nicht mal mehr verwunderlich. »Dann wird SCRUM eben auch mal ausgesetzt und wieder nach klassischem Projektmanagement gearbeitet.« Die SCRUM-Master sind dann in Wirklichkeit auch nur Projektmanager nach dem »alten« Verständnis und verhalten sich auch genauso.

Wir sind hier wieder an einem Punkt, an dem deutlich wird, dass das Motiv für die Wahl der Organisationsform und Zusammenarbeit wichtig ist. Schöneres Arbeiten für die Menschen, schnellere Ergebnisse, höhere Effizienz etc. sind schnell hinfällig, wenn sie nicht direkt echte Probleme lösen. Hierarchieabbau, flache Hierarchien, Selbstorganisation einfach mal so sind nicht langlebig und lösen nur vermeintlich die hausgemachten Probleme. Es gibt aber, und das wiederhole ich gerne, eine Notwendigkeit, die Organisationsstruktur zu flexibilisieren, und diese Notwendigkeit resultiert aus den komplexen Märkten. Solange Sie nicht ausnahmslos repetitive Arbeit leisten, und dies in einem von Stabilität geprägten Umfeld, brauchen Sie eine organisationsinterne Komplexität, die es Ihnen ermöglicht, flexibel und anpassungsfähig zu sein. Das geht nicht mit einer verknöcherten Organisationsstruktur.

Pathogenese

»Es läuft ja«

Dass eine Organisation nur zentralistisch beziehungsweise pyramidal-hierarchisch organisiert sein kann, ist ein Glaubenssatz, der sehr tief in den Köpfen verankert zu sein scheint. Andere Modelle sind (noch) nicht denkbar, im wahrsten Sinne des Wortes. Und solange es dem Unternehmen wirtschaftlich gut geht, wird die Organisationsstruktur sogar als Grund für den Erfolg angepriesen. »Wir stehen, wo wir stehen, weil wir gut organisiert sind«, höre ich gar nicht mal selten auch in Bereichen, die in ihrer Bürokratie fast ersticken und das Wort »Kontrolle« erfunden haben müssen. Aber es läuft ja, oder? Stimmt, doch das Erfolgsgeheimnis dabei ist nicht die formale Struktur, sondern Erfolg entsteht vielmehr im Schatten. Damit meine ich die informelle Struktur, die Schattenorganisation. Eine vollständige Zentralisierung gibt es gar nicht im echten Organisationsleben. Die Struktur würde das System überfordern und es würde kollabieren. Deshalb entsteht immer eine Schattenorganisation in Form von Allianzen, Netzwerken, Absprachen, Intrigen, Flurfunk & Co. Sie sorgt dafür, dass eine kranke Organisation »trotzdem« wertschöpfend sein kann. Gleichzeitig ist dieser Schatten schwer zu erkennen und zu greifen. Das Trotzdem kommt in vielen Gestalten daher und wird oftmals als Fehlverhalten der Menschen gedeutet.

Die Mitarbeitenden sorgen im Verborgenen dafür, dass der Laden trotz aller Bürokratie funktioniert Beispielsweise hat ein Unternehmen jüngst seine Vorschriften zur Zeiterfassung verschärft und noch mal darauf hingewiesen, dass niemand über zehn Stunden täglich arbeiten beziehungsweise buchen darf. Nun gibt es aber auch zeitkritische Aufgaben, die für einen Kundenauftrag erledigt werden müssen. Was tun die Mitarbeitenden? Sie stempeln sich aus und arbeiten ohne Zeitbuchung weiter. »Es muss ja laufen, egal, was die da oben sich wieder einfallen lassen.« Es steht außer Frage, dass einzelne Menschen den Schatten der Organisation auch im negativen Sinne nutzen können. Der Großteil aller Mitarbeitenden sorgt im Verborgenen aber eben dafür, dass der Laden trotz aller Vorschriften, Bürokratie und Kontrolle funktioniert. Und das genau ist das Tückische an dieser informellen Struktur, sie gibt sich nicht ohne Weiteres zu erkennen. Man muss eine Organisation schon intensiv beobachten, um die Dynamiken zu verstehen. Es lohnt sich aber, denn dort finden Sie Ihre Erfolgsgeheimnisse.

Optimierungswahn

Klassische Managementlehre und lineares Denken führen in Organisationen zur selben vermeintlichen Lösung: mehr vom Gleichen. Es soll Innovation entstehen, also wird ein Projekt aufgesetzt. Sind die Ergebnisse nicht nachhaltig, gibt es ein weiteres Projekt. Auch das verpufft, dann wird jetzt ein Thinktank etabliert und am Ende ein Lab in einem Berliner Loft eingerichtet. Projekt, Thinktank, Loft sind alles maximal Optimierungen, denn die Organisation an sich bleibt, wie sie ist. Das nennt sich Wandel erster Ordnung und ist bestens geeignet, wenn Funktionsoptimierung das Ziel ist. Prozesse verbessern, Abläufe verschwendungsfreier gestalten, Meetings über eine stringente Agenda straffen, all das sind Beispiele für kontinuierliche Optimierung. Flache Hierarchien, Inkubatoren, Führung-

2020-Initiativen und Labs übrigens auch, weshalb der so sehnlich erhoffte Flexibilitäts-, Agilitäts- oder Innovationssprung meist ausbleibt oder zumindest nicht nachhaltig wirkt. Die grundlegenden Muster, Strukturen und mentalen Modelle der Organisation bleiben gleich, nur räumlich, zeitlich und inhaltlich getrennt passieren ein paar Dinge. Das führt eben nicht zu Sprüngen, weil kein Prozessmusterwechsel stattfindet. Der geht über die Tiefenstrukturen und verändert Strukturen (formale wie informelle) und Denkmuster. Das wäre ein Wandel zweiter Ordnung, diskontinuierlich und im Moment des Wandels eine starke Irritation. Ist dieser Unterschied verstanden, bekommt Veränderung in Organisationen oft noch eine ganz neue Bedeutung.

Ein mittelständisches Unternehmen hatte jahrelang eine Reisekostenvorschrift, an die sich alle Mitarbeitenden zu halten hatten. Darin war geregelt, wann man in welcher Klasse fliegen, Bahn fahren und übernachten kann. Die Anzahl der Menschen, die laufend unterwegs waren, stieg und mit ihr die Diskussionen um Sonderregelungen aller Art, beispielsweise zu Gabelflügen. Für das Unternehmen bedeutete dies nicht nur ein dauerndes Ärgernis, sondern auch viel Aufwand, der in Kontrolle und Diskussionen gesteckt wurde. Daher hatte man es einige Zeit mit strengeren Regelungen und der Androhung von Sanktionen versucht, allerdings mit maximal mäßigem Erfolg. Das Unternehmen entschied sich nun für einen Wandel zweiter Ordnung und schaffte die Reisekostenvorschriften ab.

Stattdessen fand ein Diskurs statt, dessen Ergebnis ein Reiseprinzip war: Wir wollen ökonomisch und ökologisch reisen. Seitdem ist es jedem Mitarbeitenden selbst überlassen, welche Flugklasse gebucht wird und wie viele Sterne das Hotel hat. Aber die Buchungen sind für alle transparent. In den Teambesprechungen sind die Reisetätigkeiten ein steter Tagesordnungspunkt. Wenn ein Kollege beispielsweise Businessclass fliegt, so kann er das tun, es weiß aber auch jeder im Team. Über diese Veränderung der Spielregeln ließe sich noch mehr schreiben und auch diskutieren, an dieser Stelle ist es einfach ein hervorragendes Beispiel für den Unterschied zwischen

Optimierung und Veränderung. Der ist leider häufig noch falsch oder gar nicht verstanden. Eine verknöcherte Organisationsstruktur lässt sich mit Optimierung nicht heilen, da braucht es schon einen Wandel zweiter Ordnung. Es braucht einen Prozessmusterwechsel.

Angst vor Unsicherheit, Macht- und Bedeutungsverlust

Zu wissen, wo in einer Organisation mein Platz ist, welche formale Macht ich besitze und wie die Dinge zu laufen haben, gibt Sicherheit. Organisationen mit klaren, verlässlichen Strukturen sind identitätsstiftend für die Menschen, die in ihr agieren. Gerade Menschen mit Führungs- und Managementverantwortung beschleicht zumindest intuitiv die Sorge, welche Bedeutung sie als Person noch haben werden, wenn ihre formale Macht bei Flexibilisierung und Agilisierung der Organisation abnimmt. Diese Angst ist in den meisten Unternehmen ebenfalls ein Tabuthema und so öffnen sich die Menschen oftmals nur in Einzelgesprächen. Sie sollen nicht weniger, als den Ast absägen, auf dem sie sitzen, und ihre Arbeit grundlegend verändern.

Ging es bisher darum, Aufgaben zu verteilen, Fachliches zu diskutieren und starren Vorgaben zu folgen, dann steht mit zunehmender Agilität auf einmal die Beziehung zwischen den Menschen mit im Vordergrund. Dafür ist die übliche Führungskraft weder ausgebildet noch trainiert. Der Platz im sozialen System wird dann ausgehandelt und nicht mehr vergeben, was nur unter Einsatz der eigenen Persönlichkeit funktioniert. Viel mehr von sich selbst zu zeigen, ist die Folge. Was immer noch viele Menschen mit »Privates erzählen« verwechseln, bedeutet jedoch, sich in der aktuellen Situation zu zeigen, seine Meinung, Haltung, Emotionen. Und gerade im Übergang von der starren Hierarchie zu flexibleren Strukturen müssen die Führungskräfte die Irritation und die Unsicherheit aushalten. Der Phasenübergang ist schmerzlich und die Führungskräfte sollen vorweggehen. Das aber heißt, sie lösen sich aus der alten, verabredeten Anpassung und »stören das ganze System«. Es gibt Diskussionen, Fragen, Seitenwind, Gegenwind, Widerstand und jede Menge Unsicherheit. Und auch darauf sind die meisten nicht vorbereitet und das kann Angst auslösen.

Ein Diskurs in der Organisation zum Thema Angst vor Unsicherheit und Bedeutungsverlust ist immer noch eher selten. Sie wohnt im Schatten der Organisation. Dabei steckt hier eine enorme Energie, die Veränderung möglich oder auch unmöglich machen kann. Hält nämlich genau diese Angst die Führungskräfte davon ab, mit in Richtung Agilität oder Netzwerkorganisation zu denken, dann braucht es einen Umgang mit der Angst. Sonst wird die Entknöcherung der Struktur ein einziger Kampf gegen das System.

Behandlung

Hierarchie entwickelt sich von unten nach oben

Sie gehört verflacht oder am besten ganz abgeschafft, rufen viele Organisationsberater seit Jahren. Gemeint ist die formale Hierarchie und mittlerweile hat sie in diesen Kreisen einen denkbar schlechten Ruf. Die Forderung ist genauso linear gedacht wie unsinnig und veranlasst mich an dieser Stelle, etwas zur »Ordnung des Lebens« zu schreiben. Dazu beginne ich mit einer Parabel, die Herbert Simon (1996) nutzte, um die Evolution komplexer Systeme zu illustrieren.

Die Parabel von den zwei Uhrmachern

Es waren einmal zwei Uhrmacher, Hora und Tempus, die sehr feine Uhren herstellten. Beide waren sehr angesehen, und die Telefone in ihren Werkstätten klingelten ununterbrochen und Kunden fragten nach Uhren. Während Horas Geschäft gedieh und er zu Reichtum kam, wurde Tempus ärmer und ärmer. Was war der Grund? Die Uhren der Männer bestanden aus jeweils etwa 1000 Teilen. Wenn Tempus eine Uhr teilweise zusammengebaut hatte und sie ablegen musste, etwa um ans Telefon zu gehen, fiel sie sofort wieder auseinander, sodass er von vorn beginnen musste. Je mehr Kunden ihn anriefen, desto schwieriger wurde es für ihn, genug Zeit zu finden, um eine Uhr komplett fertigzustellen. Die von Hora hergestellten Uhren waren nicht weniger komplex als die von Tempus, aber er hatte sie so entworfen, dass er Teileinheiten von etwa zehn Elementen erstellte. Zehn dieser Teileinheiten ergaben eine Baugruppe und zehn dieser Baugruppen ergaben die ganze Uhr. Musste Hora eine in Teilen gefertigte Uhr ablegen, um ans Telefon zu gehen, verlor er nur einen kleinen Teil seiner Arbeit. Er brauchte zur Fertigung seiner Uhren nur einen Bruchteil der Arbeitsstunden, die Tempus brauchte.

Nahezu alles, was wir betrachten, ist in Systemen und Teilsystemen organisiert. Unser Körper, das Paradebeispiel eines komplexen Systems, besteht aus Zellen, Gewebe, Organen, Muskeln, Kreisläufen und so weiter. Elemente, die Teilsysteme bilden und zu einem übergeordneten System gehören. Menschen gehören zu einer Familie, einem Dorf, einer Stadt, einer Nation. Diese Aufteilung in Teilsysteme und Systeme nennt sich Hierarchie und dementsprechend können auch in Unternehmen komplexe Systeme entstehen. Von kleinen zu großen Gebilden über stabile Teileinheiten, geradeso wie beim Uhrmacher Hora.

Im Organisationskontext aber wird Hierarchie bis heute anders betrachtet: als Befehls- und Informationskette gemäß Organigramm von oben nach unten. Zudem steht der reduktionistische Gedanke oft noch im Vordergrund – ganz nach dem Motto »Optimier die Teile, dann läuft auch das Ganze«. Das ist die Krux mit der Hierarchie, denn die Teileinheiten sind selbststeuernd und überlebensfähig, sodass man die Verbindungen und Wechselwirkungen im Geflecht aller Teile und Systeme nicht aus den Augen verlieren darf.

Hierarchie im eigentlichen Sinne hilft dabei, dass die Teilsysteme gute Leistung erbringen können. Die übergeordnete Baugruppe ist also immer Diener der Teilsysteme. Gemeinsam erfüllen sie die Bedürfnisse eines größeren Systems. Verknöcherungen in der Organisationsstruktur lassen sich mit diesem Verständnis von Hierarchie auflösen, konkret über den Rückbau von Kontrolle in Baugruppen und Teileinheiten. Kein Gehirn kann allen Zellen eines Organismus zentral vorgeben, was sie wie zu tun haben, unser Körper würde das nicht überleben. Kein Führungskreis Die übergeordnete Baugruppe ist immer Diener der Teilsysteme kann allen Mitarbeitenden zentral vorgeben, wie sie welche Aufgabe wann am besten zu machen haben, die Organisation wird krank. Aber Führung kann allen Teileinheiten und Baugruppen dienen, indem sie die Bedingungen schafft, die Wertschöpfung erwartbar machen, ohne die Menschen dabei wie Kinder zu behandeln.

Vernetzung statt Kontrolle

Wie lässt sich das Rückgrat der Organisation denn wieder mobilisieren, um in der Lage zu sein, agil zu arbeiten? Die Antwort: Vernetzung möglich machen und die passende Balance zwischen Pyramide (Management) und Netzwerk (Führung) finden. In den stabilen Bereichen eines Unternehmens, dort wo Sie zum Beispiel ein Produkt haben, das Sie gut und über lange Zeit am Markt absetzen können, geht es um Optimierung und damit um Management. Das können oder sollten Sie zentral steuern und über die entsprechende formale Struktur effizient umsetzen. Aber Achtung, Sie bleiben in einem stabilen Muster, das nur so lange funktioniert, wie auch der Markt stabil bleibt.

Unternehmen wie Nokia können heute ein Lied davon singen, wie es ist, wenn man zu wenig Augenmerk auf die schwachen Signale der Neuerungen legt und sich nicht verändert. Und in der Veränderung braucht es Netzwerke, um sinnvoll neue Ideen, Lösungen, Produkte oder Dienstleistungen schaffen zu können. Um den Anforderungen des Marktes zu begegnen, müssen Sie die Komplexität in Ihrer Organisation erhöhen. Vernetzen Sie dazu die Menschen, Abteilungen, Bereiche oder auch weitere Unternehmen miteinander. Ihre Mitarbeitenden wissen meist sehr gut, mit wem sie sich vernetzen sollten, um ein bestimmtes Problem zu lösen. Der Trick liegt also in erster Linie darin, die Vernetzung von Menschen nicht länger zu verhindern. Das, was hier so einfach klingt, hat sehr viel mit Macht und Machtverlust zu tun, denn von der Idee, Netzwerke noch irgendwie »im Griff zu haben«, sollten Sie sich verabschieden.

Ermöglichen Sie Vernetzung und schalten Sie dazu die Vereinzelungsmechanismen wie individuelle Zielvorgaben ab. Da, wo es noch eine siloartige, funktionale Unterteilung der Organisation gibt, darf kein Anreiz mehr sein, nur dem eigenen Bereich zu dienen. Wenn aber nun nicht mehr die Führungskräfte steuern, was getan wird, wer dann? Der Markt – und das tut er immer. Netzwerkorganisationen sind sich dessen bewusst und organisieren sich entsprechend: dezentral eben. Bei vielen Menschen in Führungs- und Managementpositionen sorgt der letzte Satz für Gänsehaut, verbinden sie damit doch das Bild von Anarchie und Chaos. Es ist wohl die Idee, in einer tradierten Organisation heute mal von jetzt auf gleich einfach alle Vorgaben, Prozesse und Verabredungen zu löschen und die Organisation sich selbst zu überlassen. Genau das Gegenteil ist der Fall, wenn eine Netzwerkorganisation erfolgreich sein soll. Alle Teileinheiten und Systeme dienen einem übergeordneten Ziel, Prinzipien sind die Leitplanken, und Disziplin ist der Kitt, der die Systeme zusammenhält.

Wie einige meiner Autorenkollegen habe auch ich in einem meiner vorherigen Bücher den dm-Drogeriemarkt als ein Beispiel für die dezentrale Organisationsstruktur herangezogen, gerade weil bei einem Filialisten die meisten Menschen reflexartig an zentrale Steuerung denken. In einem Interview mit dem Titel »Ein Chief Digital Officer wäre fatal« sagte der Geschäftsführungsvorsitzende Erich Harsch im Februar 2018 Folgendes: »Nein, es gibt keinen CDO. Es wäre fatal, die wesentlichen Aufgaben der Selbstorganisation und Prozessverbesserung, zu denen eben auch die Digitalisierung gehört, an eine Stabstelle wegzudelegieren. Wir haben den Anspruch, dass sich alle um das Thema so weit bemühen, wie es für ihre Belange und Verantwortlichkeiten notwendig ist. Diese Philosophie zieht sich im Übrigen durch alle Unternehmensaspekte. Es gab auch noch nie eine Organisationsabteilung bei dm, und wir haben auch keine Personalabteilung im klassischen Sinn, die alles Disziplinarische managt.« Stattdessen fördert dm den Diskurs im Unternehmen, und den braucht es in einer dezentralen Netzwerkorganisation – und zwar viel davon. Ein Totschlagargument, das vielen Managenden dazu prompt einfällt: Dafür haben wir keine Zeit.

Hören Sie auf, alles mit Zeitdruck zu entschuldigen

Zeitdruck ist die Ausrede schlechthin, die sich bequem für jedes Thema nutzen lässt. Geht es um das Problemlösen oder das Organisieren von Arbeit, begegnet mir das Keine-Zeit-Argument quasi vorhersehbar. In beiden Fällen hat es auf Dauer fatale Folgen, denn für erfolgreiches Agieren in Komplexität brauchen Sie immer Zeit. Sowohl die ausführliche Analyse der zu lösenden Probleme als auch die Beobachtung der Dynamiken in Ihrem System als auch der Diskurs über die Prinzipien der Zusammenarbeit benötigen Zeit. Sich diese nicht zu nehmen, mit welcher Argumentation auch immer, führt dazu, dass unpassende Lösungen und Interventionen genutzt werden. Wenn Sie heute keine Zeit für den notwendigen Diskurs haben, werden Sie sie morgen für die Lösung entstehender Probleme brauchen.

»Aber dann haben wir hier nie endende Debatten« soll die Zeitaussage verstärken. Falsch, denn es geht nicht um unkontrollierte, ausufernde Gesprächskreise, sondern um ein diszipliniertes Miteinander. »Das ist doch aber so anstrengend, so viele Meinungen und Sichtweisen«, kommt oft im Anschluss. Stimmt, das ist der anstrengende Teil von Zusammenarbeiten. Gleichzeitig ist ein Netzwerk auch nur dann intelligent, wenn es widersprüchlich und im wahrsten Wortsinne divers ist. In einer Gruppe gleichgesinnter Ja-Sager ist es zwar kuschelig, dafür bewegt sich aber nach einiger Zeit auch nicht mehr viel.

»Keine Zeit« ist eine Ausrede, und es ist immer sinnvoll, hinter diesen Vorwand zu schauen und die Bremsen zu lösen, die Sie von Diskurs und Organisationsgestaltung abhalten.

Prozess statt Zielbahnhof

Die Transformation hat begonnen. Die Bottom-up-Initiativen tragen kleine Früchte, doch es wird noch etwas dauern, bis sich bis auf die Ebene der mentalen Modelle herunter dauerhaft etwas verändert. Für Unternehmen, die inhabergeführt sind, ist es ein Leichtes, einen Paradigmenwechsel anzustoßen. Es gibt schließlich den einen oder die eine mit der entsprechenden formalen Macht. Für traditionelle Großunternehmen und Konzerne ist die Antwort längst nicht gefunden. Das allerdings ist kein Grund, die Hände in den Schoß zu legen und nichts zu tun. Innerhalb der Bedingungen, die gesetzt sind, gibt es immer auch einen Spielraum. Den gilt es zu nutzen und damit zur Flexibilisierung der Organisationsstruktur beizutragen. Die ersten Schritte auf dem Weg können die folgenden sein:

◆ Schaffen Sie Transparenz über Ziele, Rahmenbedingungen, Einflussgrößen, Zahlen, Entscheidungen, Strukturen, kurz: über alles, was notwendig ist, damit die Menschen verantwortlich arbeiten können.
◆ Sorgen Sie für verlässliche Macht- und Entscheidungsstrukturen, die eindeutig und dauerhaft sind. Werfen Sie Licht auf die Schattenorganisation und machen Sie sie zum expliziten Thema.
◆ Nutzen Sie das »Prinzip des Lebens«: Oben dient unten!
◆ Schmieden Sie Koalitionen mit anderen Führungskräften, die nicht (nur) den Führungskräften selbst, sondern allen beteiligten Menschen nützen.
◆ Suchen Sie nach den Themen, Werten, Ideen, zu denen die Menschen in Resonanz gehen. Damit mobilisieren Sie Menschen.

Wirkung

Macht verschiebt sich

Die Notwendigkeit der Vernetzung be-
streitet heute kaum noch jemand. Ein
einzelner Mensch, egal, wie gut er als Führungskraft sein mag, verfügt nicht über die notwendige Intelligenz oder genügend Wissen, um die komplexen Probleme im Alleingang zu lösen. Das Kollektiv nutzbar zu machen, sorgt
gleichzeitig für eine Verschiebung der Machtverhältnisse. Um es
noch einmal deutlich zu sagen, es geht nicht um etwas mehr Partizipation der Mitarbeitenden, die am Ende noch vom Boss gesteuert
und kontrolliert wird, sondern um echte Kollektivleistung in netzwerkartigen Strukturen. Die Macht liegt nicht mehr in der Hierarchie, qua Formalie, sondern bei denen, die im Netzwerk bedeutsam
sind. In einem Fall mag das die Kollegin mit den passenden Ideen
sein, im nächsten ein Kollege mit engen Beziehungen zu wichtigen
Stakeholdern, im übernächsten eine kleine Gruppe Know-how-Trä-
ger. Macht ist weder an eine Person noch an eine Rolle gebunden
oder zwingend über die Zeit stabil, was im vernetzten Miteinander
noch deutlicher sicht- und erlebbar wird.

Identität verändert sich

Als Kind des Ruhrgebietes habe ich erlebt, wie die Menschen voller Stolz sagten, sie seien Hoeschianer, Kumpel auf Schacht XII
oder Mälzer bei der Union. Ihre Identität zogen sie aus dem Beruf und aus dem Unternehmen, für das sie arbeiteten. Heute wird
viel investiert, damit die Mitarbeitenden sich mit dem Arbeitgeber
identifizieren können. Employer- und Employee-Branding sind
die dazugehörigen Schlagworte und nur knapp einer Aufnahme in
das Kapitel »Medikamentenmissbrauch« entgangen. Identifikation
sorgt für Stabilität, jeder und jede weiß, wo er oder sie hingehört,
welche Werte Bedeutung haben und welche Spielregeln gelten.

Wird Vernetzung innerhalb der Organisationen mehr und mehr zugelassen, sind es nicht mehr »wir vom Controlling« oder »die superinnovativen Menschen vom Produktmanagement«. Die rein funktionale Aufteilung weicht der Netzwerkbildung, die mit den alten Bereichs- und Abteilungsetiketten nichts anfangen kann und auch nicht darauf ausgelegt ist, »für ewig« zu existieren. Die Menschen finden den identitätsstiftenden Teil dann noch in der übergeordneten Organisation und arbeiten beim Bosch, beim Daimler oder bei der Bahn. Denkt man den Netzwerkgedanken konsequent weiter, dann werden durch mehr Kooperationen auch die Unternehmensgrenzen verschwimmen. Die Kopplung der Menschen zu den Unternehmen wird loser und noch viel mehr über den Sinn der Arbeit hergestellt, eventuell aber eben nicht mehr mit dem obersten Ziel der Stabilität.

Entwicklung statt Karriere

Bei dem Unternehmen oder der Kooperation, bei der die Menschen für sich Sinn und Entwicklungsmöglichkeiten sehen, werden sie in Resonanz gehen. Wenn das eine Konsequenz aus netzwerkorganisierter Arbeit ist, dann sind die gängigen Karriere- und Berufsplanungswege obsolet. Betreiben wir heute viel Aufwand, um Führungs- und Fachkarrieren möglich zu machen, sollten wir eher darüber nachdenken, was Menschen dazu bewegen könnte, sich für eine Zeit oder Aufgabe an ein Unternehmen zu binden. Mit steigender Netzwerkorganisation von Unternehmen wird auch die Wechselbereitschaft der Menschen zunehmen. Dann sind mehrjährig angelegte Karrierepfade nicht mehr passend. Das »Wandern« der Mitarbeitenden innerhalb einer Organisation ist gewollt und notwendig, um flexibel zu bleiben. Statt Karriere zu ermöglichen, wird es vielmehr darum gehen, dass Unternehmen Entwicklungsumgebungen für Menschen sind, sinngebunden und individuell. Es geht also eigentlich um viel mehr als darum, die Verknöcherung der Organisationsstruktur zu heilen, es geht darum, Organisation ganz neu zu denken.

Machthysterie

Wer hat denn hier die Macht?

Im Rahmen einer Veranstaltungsreihe hatte ich das Vergnügen, zahlreiche Workshops mit den Führungskräften eines großen Energiekonzerns zu Macht und Resilienz durchzuführen. Bei dem Thema Macht habe ich mir hin und wieder den Spaß gegönnt und den Workshop mit einer einfachen Frage in die Runde begonnen: »Wer hat denn hier Macht?« Man sollte doch meinen, dass in einem Kreis langjähriger Führungskräfte alle Hände noch oben schnellen, begleitet von einem selbstverständlichen »Ich, und zwar gerne«.

Die Teilnehmer jedoch schauten kurz verdutzt, dann wechselte der Gesichtsausdruck von Erstaunen zu »Bäh, wie unappetitlich«. Sie rutschten auf den Stühlen herum, wurden sich dann aber schnell einig, dass Macht etwas Negatives ist. »Ach ja«, fragte ich, »inwiefern?« Schilderungen zu Situationen, in denen Einzelne ihre Macht über andere Menschen zu ihrem Vorteil ausgenutzt hatten, folgten. Machtmissbrauch, Ober sticht Unter und Erfahrungen mit massivem Druck wurden geschildert, jedoch immer eher distanziert. So, als geschähe das zwischen anderen Personen und man selbst wäre nur Beobachter. Das Verhältnis zur Macht ist angespannt in unseren Organisationen.

Das Verhältnis zur Macht ist angespannt in unseren Organisationen

Macht und Ohnmacht

Bei »Macht« geht es immer um Entscheidungen, darum, etwas Bestimmtes durchzusetzen. Vorstände, Geschäftsführende, Manager und Managerinnen, Führungskräfte besitzen Macht, Mitarbeitende nicht. Diese Aussage ist Ihnen zu platt? Gut, mir auch. Trotzdem beschreibt sie das Empfinden vieler Menschen in den Unternehmen.

Die Reihe der Führungskräfte scheint dabei gespalten. Da gibt es die einen, die Macht als Lust am Gestalten und als Chance, »etwas zu bewegen«, verstehen und sie ganz selbstverständlich als einen hohen Wert betrachten. Und es gibt diejenigen, die bei dem Begriff ebenso zucken wie ihre Mitarbeitenden, schnell richtigstellen möchten, dass sie nicht einfach so bestimmen und herrschen mögen, sondern lieber auf gute Zusammenarbeit setzen. Gerade so, als schlösse das eine das andere aus. Sie denken dabei an Machtmissbrauch, daran, den eigenen Willen gegen den aller Mitarbeitenden durchzudrücken, anzuordnen statt zu bitten. Jeder von uns hat Situationen der Macht und solche der Ohnmacht erlebt, ob in der Familie, Schule, im Beruf oder in der Partnerschaft. Wer formale Macht per Position im Unternehmen innehat, hat diese auch mal benutzt, um das eigene Interesse durchzusetzen.

Als frischgebackene Führungskraft in der IT habe ich es vor vielen Jahren für meine originäre Aufgabe gehalten, einsame Entscheidungen zu treffen, auch gegen die Argumente und Wünsche meiner Mitarbeitenden. So hatte ich es gelernt und auch selbst erst mal gelebt. Einer meiner Mitarbeitenden, der deutlich älter war als ich und schon lange im Unternehmen, kam gerne erst gegen Mittag ins Büro. Es gab zwar Gleitzeit, aber auch eine Kernarbeitszeit, und zudem hat mich dieses Verhalten einfach genervt, denn Teambesprechungen vor 11:30 Uhr konnten nur ohne ihn stattfinden. Zig Gespräche haben wir dazu geführt, auch lautstarke. Am Ende habe ich meine Machtkarte gezogen und ihn in eine andere Abteilung »versetzen lassen«. Das war der Moment meiner Machtlosigkeit, denn ich hatte keine Idee mehr, außer mich auf meine formale Macht zurückzuziehen. Genau genommen war ich gescheitert und nicht machtvoll.

Nicht minder qualvoll war die Ohnmacht, die ich als Angestellte in der Zusammenarbeit mit meinem letzten Boss erlebt habe. Jahrelang hatte ich für ein nordamerikanisches Unternehmen den Geschäftsaufbau in der DACH-Region vorangetrieben. Erst allein, dann mit Kollegen und Mitarbeitenden. Die Freiheiten, die ich genoss, waren toll, die Arbeit war gutbezahlter Spaß. Dann änderte sich die formale Struktur und ich bekam einen neuen Vorgesetzten. Ab da erfuhr ich, wie es ist, wenn mir jemand par ordre du mufti vorzugeben versucht, mit welchem Foliensatz ich zum Kunden fahre, welche Worte ich bei Folie 7 zu sagen habe und welche Kontakte ich morgen anrufen soll. Der Anfang vom Ende war eingeläutet, die Situation schaukelte sich hoch und am Ende wurde ich gefeuert. Das war absehbar, denn ich hatte unserem CEO deutlich gesagt, dass mein Boss ein Idiot ist. Rückblickend sehe ich all die eigenen Entscheidungen, die ich selbst getroffen habe. In der Situation jedoch empfand ich nur Ohnmacht und Wut.

Bis hierher geht es immer um die formale Macht, die aus der formalen Struktur der Organisation abgeleitet ist. Wird über Macht gesprochen, dann meist über diesen Aspekt. Er ist aber nur einer und zwängt Macht in ein Ursache-Wirkungs-Korsett, das ihr nicht gerecht wird. »Wer die entsprechende Position bekleidet, hat eben Macht« ist nur eine Seite der Medaille. Auf der anderen existiert die informelle Macht, die ebenfalls jeder von uns kennt und erlebt. Beobachtet man Teams und Abteilungen, dann wird schnell deutlich, wer wirklich die Entscheidungen trifft, und das ist sogar seltener die Führungskraft als vermutet. Die Mitarbeitenden verfügen über das notwendige Fachwissen und Know-how und treffen die meisten Entscheidungen vor Ort, da wo sie anfallen. Alle Beteiligten wissen darum und sind sich meist einig, dass das im Normalbetrieb sinnvoll und schneller ist, als jede Kleinigkeit durch die Hierarchie zu schleusen.

Gerät die Organisation jedoch in einen Ausnahmezustand, wird es haarig, denn jetzt ziehen sich die Mitarbeitenden zurück und rufen nach dem Vorgesetzten. Die Führungskraft müsste nun nach vorne treten und kundtun, dass sie für den Moment die Entscheidungen trifft und ihre Ansage verbindlich gilt. In der Praxis, vor allem auf der unteren Führungsebene, findet das leider nicht immer statt. Die Gründe dafür sind vielfältig und reichen von der Unfähigkeit, Irrtum zuzulassen, bis zur Angst vor Sympathieverlust. Jetzt, da es den einen oder die eine bräuchte, der beziehungsweise die einsam entscheidet und Krisenmanagement macht, ist der Beigeschmack der

Macht immer noch bitter, denn es wird unter Umständen auch gegen die Interessen der Einzelnen entschieden und damit Sympathie eingebüßt.

Selbstverständlich gibt es Führungskräfte, die jetzt zur Höchstform auflaufen, weil sie sich beweisen können. Diese Spezies hat aber auch im Regelbetrieb viel Vergnügen an der Machtdemonstration und deren Insignien. Meiner Erfahrung nach finden sich diese Menschen am häufigsten im mittleren Management großer Unternehmen.

»Ich habe Macht und werde sie gebrauchen«

Da gibt es den CIO, der immer vor Kopf rechts am Besprechungstisch sitzt und dessen Parkplatz man besser nicht benutzt. Oder die Bereichsleiterin, die ihren Mitarbeitenden jedes kleinste Detail zur Erledigung einer Aufgabe vorgibt: aus Angst, die Kontrolle zu verlieren. Oder den Abteilungsleiter, der jeden Arbeitstag mit Kampf beschäftigt ist, damit seine Zahlen am Ende stimmen, egal, was um ihn herum passiert. Da ist ein ganzes Unternehmen, das immer noch der reduktionistischen Idee folgt, dass wenn alle einzelnen Bereiche stark sind, auch das ganze Unternehmen stark sein muss. Und die Führungskraft, die ihren gestaltenden Job mit viel Entscheidungsmacht toll findet, wenn nur die mitredenden Mitarbeitenden nicht wären. Ein Geschäftsführer führt Statistiken über Krankheitstage, um die Mitarbeitenden zur Arbeit anzuhalten. Wir geben diesen Menschen dann Bezeichnungen wie Psychopath, Narzisstin oder Dominator und glauben, dass es ganz viele Menschen mit einer solchen Persönlichkeit gibt, denn das Verhalten ist tatsächlich beobachtbar.

Jetzt betreibe ich doch persönliches Bashing? Mitnichten. Ich bin davon überzeugt, dass die meisten dieser Führungskräfte gelernt haben, sich systemkonform zu verhalten. Karriere macht, wer Macht demonstriert, als harter Hund gilt, auch mal über Leichen geht. Das Verhalten dieser Menschen, wenn es viele sind und die Handlungsweisen sich dauerhaft zeigen, ist ein Muster im System. Es ergibt also viel mehr Sinn, auf die Spielregeln und Glaubenssätze der Organisation zu schauen, als Seminare zum Thema »Der richtige Umgang mit Machtmenschen« zu besuchen.

Das Bild der Macht ist insgesamt diffus. Macht ist in weiten Teilen tabuisiert, negativ konnotiert, wird gleichzeitig aber auch missbraucht; sie wird vorgeführt oder als Wesen betrachtet. Festzuhalten ist: Die Organisation neigt zur Hysterie im Umgang mit Macht.

Pathogenese

Machttabu

Wird in Einzelgesprächen Macht durchaus als treibende Kraft adressiert, ist ein Gespräch darüber in Gruppen meist nicht ungezwungen. Sollte doch mal jemand die Hand heben und sich als Machtmenschen bezeichnen, wird das eher negativ quittiert. Macht ist meiner Erfahrung nach mit einem Tabu belegt. Wenn überhaupt darüber gesprochen wird, dann mit negativer Tendenz. Die Tabuisierung hat natürlich Auswirkungen, denn so findet kein konstruktiver Diskurs zum Thema statt und es öffnen sich Tor und Tür für den missbräuchlichen Umgang mit Macht. Denn der wird ja ohnehin unterstellt und somit quasi erwartet.

Folgt man gedanklich dem französischen Philosophen Michel Foucault (2005), geht die Idee von dem Machthabenden und dem Machtlosen zurück bin in die Antike. Macht wird ausgeübt, willkurlich, nicht nachvollziehbar, und es drohen massive Sanktionen bei Widerstand. Foucault sah in den auf Effizienz und Arbeitsteilung ausgelegten Produktionsstätten, in Schulen, Gefängnissen und Krankenhäusern die Institutionalisierung von Disziplinarregimen, die damit die Grundlage für die ökonomische Ausbeutung darstellten. Je größer die Produktivität des Menschen, desto vertiefter war auch die Form der Herrschaft. Erzogen zu Obrigkeitsgläubigkeit und Gehorsam, konnten die Menschen keinen Diskurs über Macht führen.

Selbst in Unternehmen, die im hohen Maße selbstgesteuert und -bestimmt arbeiten, ist der Begriff weder neutral noch positiv belegt. Einen wesentlichen Einfluss darauf hat sicher auch das hartnäckige Bild von Macht als einfacher Ursache-Wirkungs-Relation.

Machtvoll und machtlos

Macht wird oft verstanden als Intrigieren, Ausnutzen von Beziehungen und Übergehen der Bedürfnisse anderer Menschen. Mit der dualistischen Brille sieht es so aus, als ginge es nur um Macht haben oder ohnmächtig sein. Und sich ohnmächtig fühlen scheint blind zu machen für die eigenen Entscheidungsmöglichkeiten. Die Frage »Was kann ich denn schon machen?« führt direkt in die Opferrolle und auf Dauer zu Frust und Demotivation.

Bis vor einigen Jahren habe ich für meine Kunden noch Standardseminare inhouse durchgeführt, und so saßen dort manchmal Teilnehmer, die von ihren Vorgesetzten geschickt worden waren. Unter Trainern nennt man diese Teilnehmer Gefangene, was die Opferrolle noch unterstreicht. Doch auch diese Menschen haben sich entschieden, zu kommen, teilzunehmen, mitzumachen. Welches Motiv auch immer dahinterstehen mag, ob Sorge vor den Konsequenzen bei Nichtteilnahme oder Furcht vor der Auseinandersetzung mit dem Chef oder der Chefin über die Teilnahme, es ist und bleibt eine Entscheidung des Einzelnen als ein Akteur in der Beziehung. Außerdem geht es nicht rein um Kräftemessen oder Stärke, sondern um Handlungsmöglichkeiten. Und wenn Menschen sich ohnmächtig fühlen, empfinden sie sich in ihren Möglichkeiten begrenzt. Die übliche Ratgeberliteratur zu dem Thema ist bei einem systemischen Verständnis von Macht leider nicht hilfreich. Vielmehr wird mit Aussagen wie »Führungskräfte besitzen Macht« oder »Nur Machtbesessene werden Chef« das alte Bild hochgehalten. Dabei ist die jeweilige Situation viel entscheidender als die Persönlichkeit, wenn es um Verhalten geht.

Macht ist nicht im Besitz einer Person und verweilt dort dauerhaft. Macht ist kein Gut, das eine Person hat und gebrauchen kann. Sie ist eine soziale Beziehung. Ohne sie ist kein organisiertes Handeln möglich, und das bedeutet, dass sie nicht per se schlecht oder negativ ist. Ohne Macht gibt es keine Bewegung, keinen Fortschritt, keine Zusammenarbeit. Sie ist weder vorherbestimmt noch vorhersagbar, nicht alle Menschen reagieren gleich. So hängt es immer von den jeweiligen Akteuren und den Handlungen ab, welche Folgen sichtbar werden. Sie ist eine unausgewogene Beziehung, bei der einer der Begünstigte ist. Aber, und das ist essenziell, die Beziehung beruht auf Gegenseitigkeit. Alle Beteiligten akzeptieren die ungleichen Beziehungen, und alle sind Teil des Spieles, sonst würden Organisationen gar nicht funktionieren.

Ohne Macht ist kein organisiertes Handeln möglich

In einer Organisation werden die Machtbeziehungen von ihr etabliert und beeinflusst, und zwar auf der Basis von Normen und Regeln. Die formalen Regeln in Form von Rolle, Position, Arbeitsvertrag und so weiter spielen natürlich eine Rolle, genauso wie die Möglichkeit, zu sanktionieren oder zu belohnen. Formale Macht per Position sorgt für Erwartbarkeit von Verhalten bei den Beteiligten, Vorhersagbarkeit ist das ganz explizit nicht. Macht hat einen hohen regelnden Anteil.

Neben der formalen Macht ist in jedem sozialen System auch informelle vorhanden. Sie ist nicht an eine Position gebunden; vielmehr beruht sie darauf, andere zu beeinflussen, um seine Ziele zu erreichen. Es wird getauscht und verhandelt. Wer hat Informationen oder bestimmte Ressourcen und wer ist austauschbarer in dieser Beziehung?

Ein Beispiel: Der CIO tritt vor seine Mitarbeitenden, einige Hundert an der Zahl, und fordert zum wiederholten Mal das Aufbrechen des Silohandelns. Im Zuge der Agilisierung, so appelliert er, wird es seine Aufgabe sein, dies zu forcieren und umzusetzen. Qua Position steht er an der Spitze der IT-Organisation, sein Ziel sollte für die Mitarbeitenden wichtig und bindend sein. Gleichzeitig gibt er auch die formalen Ziele vor, die klassisch mit individuellen Zielvorgaben versehen sind. Die Forderung des CIOs sorgt nun für erhöhte Unsicherheit im System, denn sie ist nicht erfüllbar, ohne die formalen Ziele aus den Augen zu verlieren. Die aber sind bindender, zumal ja auch an ihnen informelle Erwartungen und Glaubenssätze hängen. Kurzum, was passiert bezüglich des Silohandelns? Nichts. Der CIO, selbst Teil des Systems, hält das alte Spiel auch mit aufrecht. Für den Selbsterhalt des Systems ist er in dieser Frage austauschbar. Anders sähe seine Position aus, wenn mit dem Auflösen des Silohandelns ein Konflikt gelöst und die Sicherheit erhöht würde. Seine Erwartung produziert aber einen Konflikt und ist für den Selbsterhalt nicht relevant. In diesem Fall ist er nicht der Begünstigte in der Beziehung.

Das Bild vom Menschen

Wir behandeln Menschen so, wie wir denken, dass sie sind. Sind wir beispielsweise davon überzeugt, dass unsere Mitarbeitenden nicht gerne Verantwortung übernehmen, geben wir ihnen mitunter sehr kleinteilig vor, was sie wie zu tun haben. Halten wir jemanden für nicht vertrauenswürdig, so etablieren wir Kontrollfunktionen, um Arbeitsergebnisse sicherzustellen. Es entsteht auf Dauer eine sich selbst erfüllende Prophezeiung.

Jede Organisation etabliert genau die Strukturen, Prozesse und Verfahren, die sie zu brauchen glaubt, in Abhängigkeit vom Menschenbild. Auf die Frage nach dem Menschenbild ernte ich in Workshops ebenso verdutzte Gesichter wie beim Thema Macht. Kaum ein Unternehmen reflektiert seine mentalen Modelle und sein Bild vom Menschen. Spätestens aber in diesen Zeiten der Transformation ist es angeraten, auf die Suche zu gehen. Sie können Ihre Organisation nicht sinnvoll und nachhaltig gestalten, wenn Sie die darunterliegenden Überzeugungen nicht kennen.

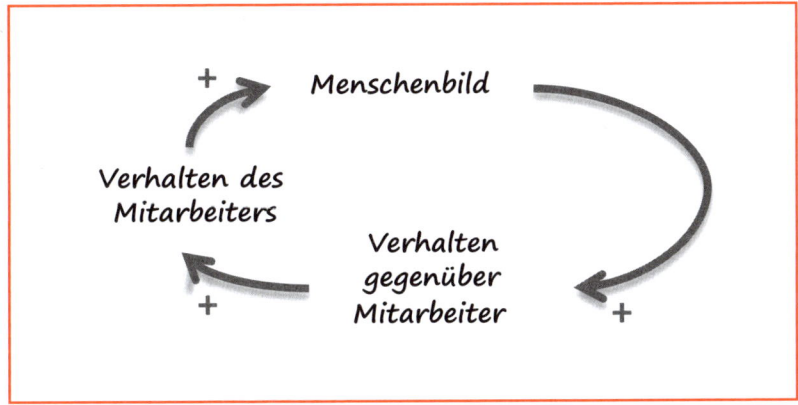

Werden Führungskräfte oder Manager direkt nach ihrem persönlichen Menschenbild gefragt, ist die Aussage oft verallgemeinert und stereotyp »ein positives«. Das meint meist nicht mehr, als dass sie an das Gute im Menschen glauben. Welches Menschenbild das Denken und Handeln leitet, beim einzelnen Menschen und auch in einer Organisation, lässt sich aus dem Verhalten schließen. Wird in Besprechungen die Agenda durchgehechelt, werden die Aufgaben abgehakt, werden Ergebnisse angemahnt? Welchen Raum haben die Beziehungen der Menschen zueinander? Gehören Emotionen in die Arbeit? Sind die Menschen in echtem Kontakt miteinander? Wie werden ungewöhnliche Ideen aufgenommen? Was wird den Menschen zugetraut? Wer teilt die Aufgaben ein und auf?

Das Menschenbild beeinflusst natürlich auch, wie über Macht gedacht und damit umgegangen wird. Wie eng das formale Korsett geschnürt ist, hängt maßgeblich davon ab, was den Mitarbeitenden zugetraut und inwieweit ihnen vertraut wird. Auch wenn man meinen könnte, der Taylorismus hätte ausgedient, ist er doch in vielen Unternehmen quicklebendig und das damit verbundene Menschenbild des Homo oeconomicus ebenfalls. Zentrale Steuerung, verbunden mit entsprechender Bürokratie, kennzeichnet die Organisationsstruktur. Die wesentlichen Grundannahmen, die dieses veraltete Menschenbild prägen, sind folgende:

- Der Mensch handelt nach Vernunft und ausgerichtet auf Nutzenmaximierung.
- Der Betrieb ist ein technisches System, in das der Mensch eingepasst werden muss.
- Arbeit wird in kleinstmögliche Schritte zerlegt, um effizienzoptimiert erledigt werden zu können.
- Zwischen Denkenden und Arbeitenden wird unterschieden.
- Arbeitende brauchen monetäre Anreize, um motiviert zu sein.

Die »Arbeitenden« kommen nicht besonders gut weg dabei. Sie wollen ihren Nutzen maximieren, sind verantwortungsscheu und von Haus aus nicht motiviert. Im Gegensatz zu den »Denkenden«. Die Manager nämlich sind tough und allzeit bereit, die Ziele des Unternehmens zu erreichen. Hochmotiviert haben sie die Aufgabe, die faulen Mitarbeitenden zu Ergebnissen zu »führen«. Genau diese unsinnige und unwahre Unterscheidung findet sich, wenn auch subtil, in vielen aktuellen Büchern und Artikeln immer noch. Es wird meistens unterstellt, dass die Mitarbeitenden das Problem darstellen und sie irgendwie »geheilt« werden müssen. In der Organisationspsychologie ist man längst beim Menschenbild des »Virtual Man« angekommen, viele Unternehmen jedoch stecken noch mit mindestens einem Bein im Taylorismus fest.

Behandlung

Tabubruch

Es ist an der Zeit, die Macht aus der Tabuzone zu holen und sie thematisierbar zu machen. Gerade auch in Unternehmen, die auf Agilität und Selbstorganisation setzen, braucht es einen unverkrampften Umgang mit Macht. Strengen Sie einen Diskurs dazu an, der betont, welches Gestaltungswerkzeug die Macht selbst sein kann. Wo es um die Lösung von Konflikten und das Treffen von Entscheidungen geht, wird die Asymmetrie in den Beziehungen immer wieder deutlich werden – und die damit verbundene Dynamik sollte die

Beteiligten weder überraschen noch hilflos machen. In der Auseinandersetzung mit Macht sollte jede Gruppe verschiedene Aspekte
betrachten: die sie umgebende Umwelt, die übergeordnete Organisation und die in der Gruppe beteiligten Personen. Die verschiedenen Bedürfnisse in Bezug auf Macht sollten genauso Thema sein wie
Erfahrungen, Glaubenssätze und erlernte Verhaltensmuster.

Macht neu denken

Es bedarf häufig der Aufklärungsarbeit, um dieses tabuisierte Thema
aus der negativen Ecke zu holen. Die Autorin Frances Moore Lappé
(2007) beschreibt in ihrem Buch *Getting a Grip: Clarity, Creativity and
Courage in a World Gone Mad*, wie die Stadt Chattanooga in Tennes-
see es geschafft hat, die schwerwiegenden Folgen der Umweltverschmutzung zu beheben und sich selbst neu zu erfinden. Wie Entscheidungen getroffen wurden, war ein maßgeblicher Aspekt dabei.
Lappé stellt die alten und neuen Denkmuster gegenüber:

Wie wir Macht heute sehen	Was Macht sein kann
Nullsummenspiel: Es stärkt einzelne Menschen auf Kosten anderer.	Sich gegenseitig erweiternd. Baut die Möglichkeiten aller Betei-ligten aus, schafft neue Stärken und Möglichkeiten.
Einbahnstraße: Man hat Macht oder man hat keine. Es gibt Machtvolle und Machtlose.	Ein Geben und Nehmen: eine Bezie-hung. Niemand ist jemals vollständig ohnmächtig, denn jede Aktion eines Menschen beeinflusst einen anderen.
Limitierend, einschüchternd	Befreiend
Kontrollierend	Kollaborativ
Rigide, statisch	Dynamisch, stetig verändernd
Abgeleitet aus Gesetzen, Status, Reichtum	Abgeleitet aus Beziehungen, Wissen, Erfahrung, Kreativität, Vision, Disziplin, Humor
Es geht darum, was ich gerade bekommen oder tun kann.	Es geht darum, achtsam relationale Macht zu schaffen und zu erhalten.

Diese Auflistung kann ein guter Impuls sein, um in der eigenen Organisation einen Diskurs zum Thema Macht zu initiieren.

Machträume klären

Um mit Machtbalancen umzugehen, stehen zwei Möglichkeiten zur Verfügung:

- Die formale Hierarchie beziehungsweise Struktur. Sie existiert in jedem Unternehmen und muss daher immer ein Teil der Betrachtung sein.
- Das, was auf der Hinterbühne stattfindet, wird oft nicht genug beachtet, dabei werden hier die informellen Spielregeln ausgehandelt. Damit die Spielregeln für alle Beteiligten klar sind, sollten Sie vor allem auch den informellen Teil der Zusammenarbeit bewusst machen und regeln. Nach welchen Prinzipien wollen wir zusammenarbeiten? Wer trifft welche Entscheidung? Wie entscheiden wir als Gruppe? Welchen Mechanismus finden wir passend? Wie bearbeiten wir Konflikte?

Das System machtkompetent machen

Es kann durchaus zu schwierig sein, das Thema Macht direkt zu besprechen; und hinzu kommt, dass es Wechselwirkungen mit anderen wichtigen Aspekten von Zusammenarbeit in sozialen Systemen gibt. Um die Machtkompetenz eines Systems zu erhöhen, die Grundlage für einen gesunden Umgang mit Macht zu schaffen, sollten Sie Ihr Augenmerk auf folgende Aspekte legen und sie in den Diskurs bringen:

- Transparenz über Entscheidungs- und Kommunikationsmechanismen
- Freiheit, eigene Entscheidungen zu treffen und eigene Wege zu wählen
- Respekt im Umgang miteinander

- Sicherheit und Verlässlichkeit in der Zusammenarbeit
- Aufbau von Beziehungen zwischen den Menschen
- Förderung von Kooperation (gelingt nur mit Vertrauen als Basis)

Wirkung

Machtspielchen fallen weg

Für diejenigen, die sich von der Droge Macht haben fangen lassen, gerne Intrigen spinnen und Menschen nach ihrer Pfeife tanzen lassen, wird es schwer. Machtspiele werden nicht mehr still geduldet, sondern angesprochen und aufgelöst. Wenn Diskurs stattfindet und die Menschen (wieder) gelernt haben, ihre Spiel- und Entscheidungsräume zu sehen, ist willkürlicher Machtpoker kaum noch möglich.

Offene Auseinandersetzung

Wer schon einmal an einer Gruppenselbsterfahrung im Rahmen einer Ausbildung oder auch in anderem Kontext teilgenommen hat, der weiß um die Dynamiken und die notwendige intensive Auseinandersetzung miteinander. Gerade wenn formale Strukturen nicht mehr alles steuern oder bewusst auf ein Minimum reduziert werden, entstehen Suchprozesse nach der eigenen Position in der Gruppe, gibt es notwendige Beziehungsklärung untereinander. Jeder Mensch bringt seine Geschichte mit ein in die Zusammenarbeit. Gerade wenn die negativ konnotierte Macht aus der Tabuzone geholt wird, gibt es Klärungsbedarf, und das nicht nur initial. Die Auseinandersetzung ist ein Prozess, er wird andauern. Und er ist wichtig und notwendig.

Vorsorge

An apple a day?

Einfache Frage: »Wann ist eine Organisation gesund?« Einfache Antwort: »Bei Abwesenheit von Krankheit.« Zumindest chronisch, also dauerhaft, darf sie nicht sein. Dass krankhafte Muster entstehen, wird sich nicht immer verhindern lassen. Dass die sich festsetzen und fortpflanzen, aber sehr wohl. Die Grundrezeptur für eine gesunde Organisation beruht auf Beobachtung und Diskurs mit und über sich selbst. Außerdem sollte Vorbeugung auf dem Programm stehen. »An apple a day keeps the doctor away« – ach, wenn es doch nur so einfach wäre. So komplex unsere Organisationen sind, so vielfältig sind auch die Ansatzpunkte und Stellhebel für die Prophylaxe. Viele haben Sie in den vergangenen Kapiteln als Akutbehandlung konkreter Krankheiten kennengelernt; diese möchte ich durch einige wesentliche Aspekte ergänzen und vertiefen.

Komplexes Denken

Es macht einen fundamentalen Unterschied, ob ich eine Organisation als Sammlung von Individuen oder als System betrachte. Im zweiten Fall achte ich auf Dynamiken und Zusammenhänge und suche nach Einsichten zum Systemverhalten. So werden nachhaltigere und tiefere Lösungen gefunden. An dieser Stelle erläutere ich einige Grundgedanken komplexen Denkens, für eine intensive Auseinandersetzung verweise ich auf meinen Bestseller *Unkompliziert!* (2018).

Ein System besteht aus (vielen) Elementen, die strukturell miteinander verbunden sind, woraus eine bestimmte Menge an Verhaltensweisen entsteht. Die Elemente sind Menschen, materielle Dinge (Produkte, Budget und so weiter) und auch Immaterielles (Vertrauen, Motivation und so weiter). Organisationen, Abteilungen, Teams sind soziale Systeme und per se schwer greifbar, weil sie nicht sichtbar sind. Das heißt, die Systemgrenzen (wer gehört dazu und wer nicht?) sind nicht immer eindeutig. Die Rückkopplungsprozesse innerhalb eines Systems sind sehr dynamisch, und ihre Robustheit führt manches Mal dazu, dass der Versuch von Veränderung scheitern muss, wenn er nicht entsprechende Relevanz für das System besitzt.

Wollen Sie Organisationen gesund, flexibel und anpassungsfähig halten, dann liegt der erste Schritt darin, die Wechselwirkungen und Muster zu beobachten, zu verstehen und passende Interventionen auszuwählen. Das geht eben nicht, indem man auf die Persönlichkeit der einzelnen Menschen abzielt, sondern über Einflussnahme auf das »große Ganze«. Und dazu muss man erkennen, auf welcher Ebene die größte Hebelwirkung für das aktuelle Problem liegt.

Wiederholen sich Ereignisse immer wieder, handelt es sich um ein Muster Als Menschen in Unternehmen, egal, in welcher Funktion oder Rolle, agieren wir stark ereignisgesteuert. Es passiert etwas, wir reagieren. Eine Lieferung verspätet sich, Ersatz wird gesucht. Ein Fehler passiert, das Blame-Game läuft an. Ein Mitbewerber lanciert ein neues Produkt, wir überlegen schnell, wie der »Gegenschlag« aussehen kann. Auf Geschehnisse spontan reagieren ist (meistens) notwendig und gleichzeitig reicht es nicht. *Ereignisse* liefern uns keinerlei Erkenntnisse über die Zusammenhänge in unserem System. Bleibt es bei der reinen Ereignisbearbeitung, werden wir nichts lernen können und keine tiefen Einsichten gewinnen. Für einzelne Vorkommnisse ist das auch nicht relevant, wiederholen sich Ereignisse aber, handelt es sich möglicherweise um einen Trend, um ein *Muster*.

Um das zu erkennen, müssen Systeme über die Zeit betrachtet werden, denn nur dann lassen sich Ereignisse im Kontext erkennen und in Relation zueinander setzen. Werden beispielsweise Fehler immer wieder unter den Tisch gekehrt oder verzögern sich Lieferungen regelmäßig oder überziehen fast alle Projekte ihr Budget, haben wir es sicher mit Mustern und nicht mit Einzelereignissen zu tun. Jetzt liegt die Lösung nicht im schnellen Reparieren, sondern im Betrachten der Zusammenhänge und Wechselwirkungen. Wir erkennen, wie das System tickt, und die dahinter liegende *Struktur* des Systems. Gemeint ist sowohl die formale als auch die informelle Struktur. In vielen Organisationen gehört es immer noch zur verabredeten informellen Struktur, dass im Fehlerfall ein Schuldiger gesucht und an den Pranger gestellt werden muss. Daraus entsteht sehr oft das Muster »Lieber keine Fehler machen – und wenn's doch passiert, schnell wegducken«.

In tradierten zentralistisch-pyramidalen Organisationen, in denen Führungskräfte individuelle Zielvorgaben für ihren Bereich haben, ist ein Klassiker die mangelnde Kooperation gerade bei projektbezogener Arbeit. Kein Wunder, die Struktur zwingt die Menschen, den dabei entstehenden Zielkonflikt irgendwie zu beantworten. »Linie vor Projekt« ist die häufigste Antwort, die Lösung liegt dabei aber eben in der Struktur, nicht im Willen der Menschen. Auf der Ebene der Struktur finden sich viele Problemursachen und auch der wesentliche Hebel für deren Lösung. Über Verabredungen auf dieser Ebene wird Veränderung initiiert und die Zukunft gestaltet.

Nun entstehen die Strukturen einer Organisation auch nicht durch Zufall. Sie haben eine Basis, und zwar die *mentalen Modelle*. Was denkt man in einer Organisation über Zusammenarbeit? Welches Menschenbild existiert hier? Wie werden Kunden betrachtet? Was ist die gemeinsame Wertebasis in der Organisation? Glaubenssätze, Stereotype, Vorurteile bilden die mentale Basis der Organisation, und die sorgt dafür, dass die passenden Strukturen geschaffen werden. Vertrauen Sie darauf, dass die Menschen erwachsen und verantwortlich sind, so arbeiten Sie auf der Grundlage von Prinzipien miteinander. Glauben Sie nicht daran, formulieren Sie viele, viele Regeln bis ins kleinste Detail und kontrollieren deren Einhaltung. Glauben Sie daran, dass es den einen richtigen Führungsstil für Ihr Unternehmen gibt, lassen Sie alle Führungskräfte darauf trainieren und schaffen große Führungskräfteentwicklungsprogramme.

Die mentalen Modelle haben die größte Wirkung in einer Organisation und sind gleichzeitig zu einem erheblichen Teil unbewusst. Gesunde Organisationen sind sich ihrer Denkmodelle bewusst und validieren diese bei Bedarf. Sie verstehen, zu welchen Strukturen diese Glaubenssätze führen, und erkennen die Muster, die wiederum daraus entstehen. Komplexes Denken bedeutet, zu erkennen, auf welcher Ebene der Hebel für Problemlösung anzusetzen ist. Weg von der Personenorientierung, hin zum Systemverständnis.

Vertrauen

Üblicherweise neige ich nicht zu Pauschalaussagen, aber wenn es um den Aspekt der vertrauensvollen Zusammenarbeit geht, herrscht in kranken Organisationen Misstrauen. Da gibt es dann zunächst die Vorabstimmung im kleinen Kreis, um dann im größeren die Zuständigkeiten zu klären, damit dann in einem »statement of work« mit dem Kunden verabredet wird, wie alle Regeln eingehalten werden können und niemand einen Vorteil ziehen kann. Oder die Arbeitszeitkontrolle, die Tankvorschriften, das Excel-Reporting, die vielen Jours fixes und so weiter. Es gibt so viele Rituale, die zeigen, dass Kontrolle Vertrauen längst ersetzt hat. Dabei ist es meist nicht das Vertrauen zwischen den einzelnen Menschen, sondern auch hier ein systemischer Aspekt. Und so gesehen, hat Misstrauen dieselbe Funktion wie Vertrauen in einem sozialen System, Komplexitätsreduktion nämlich. Folge ich dem Vorschlag einer Kollegin ohne Hinterfragen, eigene Recherche oder sonstige Aktivitäten, weil ich ihr vertraue, kann ich die Komplexität des Themas, um das es geht, ausblenden. Umgekehrt sorgt Misstrauen für Kontroll- und Steuerungsmechanismen, die ebenfalls nicht mehr hinterfragt werden. Es ist ja klar, dass man an der Stelle nicht vertrauen kann.

Für die Genesung der Organisation und zur Gesunderhaltung ist Vertrauen essenziell, aber leider nicht per Knopfdruck einzuschalten. Es ist ein sozialer Prozess, Vertrauen wächst oder schrumpft über die Zeit, immer verbunden mit der Erfahrung aus der Vergangenheit und der Hoffnung auf die Zukunft. Vertrauen tun wir in zukünftiges Handeln anderer Menschen. Um Vertrauen aufzubauen, muss also einer oder eine den Anfang machen, sich als vertrauenswürdig erweisen. Dabei beobachten wir Menschen uns ganz genau, denn schließlich ist das Eis dünn, und es besteht jederzeit die Möglichkeit, enttäuscht zu werden. Dessen sind wir uns durchaus bewusst. Im Arbeitskontext kommt noch eine Vertrauensebene hinzu, die der Organisation nämlich. Mitarbeitende vertrauen auch auf die Organisation, auf das Unternehmen. Und hier sind verlässliche Kommunikations- und Entscheidungsstrukturen die wesentlichen Aspekte. Für ein vertrauensvolles Miteinander sind die folgenden Faktoren wichtig und können als Wegweiser verstanden werden:

- Verlässlichkeit, practice what you preach
- Fachliche Fähigkeiten
- Offenheit in Bezug auf eigene Sichtweisen und Meinungen
- Aufrichtigkeit im Umgang miteinander
- Interesse an den Sichtweisen anderer
- Loyalität

Nicht zu vergessen ist das Vertrauen in die eigene Person und in die eigenen Fähigkeiten. Zudem ist es wichtig, deutlich zu machen, was einen selbst vertrauen lässt und welches Verhalten anderer Menschen zu mehr Misstrauen führt. Der Weg hierzu führt über Selbstreflexion.

Reflexion

Ein Muster, das ich bei Führungskräften sehr oft erlebe, ist mangelnde Übung in der Selbstreflexion. Dabei wäre das, wenn es nach mir ginge, schon Pflichtaufgabe ab den weiterführenden Schulen und in allen Aus- und Weiterbildungen. Unsere Bildungssysteme sind immer noch auf Verfügungswissen ausgerichtet, weniger auf Erkenntnisgewinn, weshalb viele Menschen erst im Erwachsenenalter und meist außerhalb der Unternehmen beginnen, Selbstreflexion zu trainieren.

In einer gesunden Organisation findet jeder Mensch seinen Platz durch die Auseinandersetzung mit den anderen, durch das Aushalten von gruppendynamischen Prozessen, durch Konflikte und deren Bereinigung. Damit das konstruktiv gelingt und die Menschen nicht laufend überfordert werden, ist Selbsterkenntnis notwendige Voraussetzung. Klar ist das am leichtesten mit einer professionellen Begleitung durch Coaching oder Supervision zu lernen, aber beginnen lässt sich auch im Kleinen. Eine erste gute Übung liegt darin, den Tag oder eine Situation Revue passieren zu lassen und darauf zu schauen, was gut und was nicht so gut gelungen ist. Versuchen Sie, die Vorgänge möglichst nur zu beschreiben und nicht sofort zu bewerten. Auf die beschreibende Ebene zu gehen, ermöglicht es Ihnen, die Situation distanziert zu betrachten und somit Zusammenhänge und Wechselwirkungen zu erkennen. Was war Ihr Anteil an der Situation, wie haben Sie agiert und was hat Sie dazu bewogen? Versuchen Sie, Ihre Motive und Antreiber für Ihr Handeln und Reagieren zu reflektieren. Was brauchen Sie, um vertrauensvoll mit anderen arbeiten zu können?

Gerade als Führungskraft sollten Sie für sich eine klare Vorstellung von Ihrer Rolle haben und auch, warum genau Sie diese gerne füllen. In der Interaktion und Zusammenarbeit mit anderen Menschen gibt es viel über sich selbst zu lernen. Es spielt keine so große Rolle, wie Sie Reflexion beginnen und betreiben; Hauptsache, Sie tun es.

Auf Teamebene ist Reflexion ebenso wichtig und ebenso ungeübt. Ausnahmen finden sich heute in manchen agilen Teams, die über die turnusmäßigen Retrospektiven die Teamreflexion trainieren. Für notwendig halte ich persönlich zwei Arten von Reflexion: die über den Rückblick auf das Erreichte und die über die Art zu reflektieren, also eine Reflexion über die Reflexion.

Retrospektive

Die Arbeitsergebnisse und die Zusammenarbeit im Team stehen im Fokus einer Retrospektive, die regelmäßig durchgeführt wird. Sie ist ein Verbesserungsprozess, und so werden hier immer Entscheidungen getroffen, was zu verändern ist und wie das umgesetzt werden wird. Wer jeweils eingeladen wird und in welchem Rhythmus die Rückschau stattfindet, ist kontextabhängig. In agilen Teams liegt der Takt oft bei zwei bis vier Wochen. Diese Arbeitstreffen sind stringent moderiert und die Teilnehmer fokussiert. Für alle Beteiligten ist klar, dass sie die Prozesse verstehen und verbessern wollen. Der Ablauf in den folgenden Phasen hat sich als praktikabel erwiesen:

1. Ankommen und Klärung der Ziele für die Retrospektive
2. Daten zusammentragen: Was ist in letzter Zeit gut gelaufen? Was ist nicht gut gelaufen? Die Antworten sollen und dürfen die Zusammenarbeit, die Arbeitsinhalte, Prozesse, Vorgaben etc. betreffen. Es gibt keine Vorgaben, welche Dinge genannt werden dürfen. Eine Clusterung beziehungsweise Priorisierung erleichtert die Auswahl der »heißen Eisen« für die intensive Diskussion.
3. Einsichten gewinnen: An dieser Stellte hilft komplexes Denken, um zu verstehen, warum die Dinge so gelaufen sind, wie sie eben liefen. Probleme werden in der Tiefe betrachtet, um an die Ursachen zu gelangen und nicht bei den Symptomen stehen zu bleiben.
4. Maßnahmen verabreden: Nun wird es konkret. Was wollen wir verändern? Was wollen wir neu ausprobieren? Was wollen wir lassen? Was wollen wir beibehalten?
5. Blick auf die Retrospektive: Zum Abschluss soll die Rückschau

selbst betrachtet werden – hinsichtlich ihrer Bedeutung, Relevanz und auch wie es jedem Teilnehmenden ging im Laufe der Veranstaltung und ob es etwas zu verändern gibt.

Reflexion der Reflexion

In jedem Team gibt es Themen, die offen und öffentlich besprochen werden können, und es gibt Themen, die in keiner Retrospektive vorkommen. Entweder weil diese Themen so selbstverständlich sind, dass die Dinge einfach gemacht werden, oder weil sie tabuisiert sind. Diese Grenzen sollten ebenfalls reflektiert werden, denn die Fähigkeit eines Teams, sich selbst zu regeln, hängt direkt mit der Reflexion zusammen. Je mehr Themen explizit geklärt werden können, desto mehr Möglichkeiten zur Regelung entstehen. Gerade Nichtausgesprochenes kann zu Frust und Demotivation führen, weshalb es wichtig ist zu klären, was reflektiert werden muss und was nicht.

Optimismus

Optimismus ist, genauso wie Pessimismus, eine Haltung, und die entsteht nicht aus gemachten Erfahrungen selbst, sondern aus ihrer Bewertung. Wie erklären Sie als Team Erfolge und Misserfolge, worauf führen Sie sie zurück? Wollen Sie dieser Frage auf den Grund gehen, dann reflektieren Sie die folgenden zwei Gegensatzpaare:

◆ Internale Kontrolle versus externale Kontrolle: Ein Mensch oder auch eine Gruppe ist überzeugt, Ereignisse aufgrund des eigenen Agierens kontrollieren zu können (internal) oder aber dass Ereignisse auf äußere Einflüsse zurückzuführen sind (external).
◆ Temporärer Einfluss versus dauerhafte Gegebenheit: Hier geht es um die zeitliche Betrachtungsweise und die Frage, wie Ereignisse und deren Ursachen wahrgenommen werden.

Ein Beispiel für eine externale und dauerhafte Wertung: »Ich als Führungskraft habe ja kaum Einflussmöglichkeiten, um die Arbeit hier agiler zu gestalten.« Ein Beispiel für eine internale und temporäre Wertung: »Heute haben wir in der Retrospektive wichtige Erkenntnisse gewonnen.«

In Bezug auf diese Unterscheidungen sind eben jene Teams und Organisationen optimistisch, die Erfolge ihrem Können, Misserfolge hingegen den Umständen zuschreiben und

Optimismus: Erfolge sich selbst zurechnen und Misserfolge als temporär betrachten

zudem Letztere als temporär betrachten. Dabei muss die jeweilige Einschätzung bezüglich der eigenen Anteile und auch der Umstände realistisch sein. Es geht nicht um Schönfärberei oder Schwarzmalerei. Diese Teams gelten als resilienter, widerstandsfähiger und flexibler im Umgang mit Störungen, Problemen und Turbulenzen. Optimismus ist die Grundhaltung und bedeutet nicht, dass Pessimisten besser schweigen sollten. Im Gegenteil, Pessimismus ist eine wichtige Wachfunktion im Zusammenwirken von Menschen, um auf mögliche Fehler und drohende Schwierigkeiten hinzuweisen. Im Sinne der Diversität braucht es immer auch eine gute Portion Pessimismus.

Geteilte Werte

In jeder Organisation existiert eine gemeinsame Wertebasis. Natürlich wird nicht jeder einzelne Wert von jedem einzelnen Menschen auch als sein individueller empfunden. Das macht nichts, denn wir sprechen ja von einem sozialen System und nicht von der einfachen Summe von Individuen. Eine Organisation sollte sich ihrer gelebten Werte bewusst sein und den Diskurs darüber fördern. Und es geht hier nicht um die aufgeschriebenen Werte, die eine kleine Gruppe für die Zukunft als erfolgversprechend identifiziert hat, um das noch einmal deutlich zu machen. Werte leben Sie täglich in Ihrem gemeinsamen Denken, Sprechen und Handeln. Sie sind das Wie Ihrer Organisation. Und das sollten Sie kennen.

Intuition

»Wir haben gar nicht genug Informationen, wir entscheiden intuitiv.« Na, wie gefällt Ihnen dieser Satz? Ausgesprochen oder geschrieben mag es immer noch ungewohnt klingen, wenn es darum geht, die Intuition zu nutzen, um Entscheidungen zu treffen. Fakt ist aber: Uns bleibt nichts anderes übrig in komplexen Kontexten. Entscheidungen müssen in Ungewissheit und ungeachtet des Mangels an Informationen getroffen werden. Zahlen, Daten und Fakten versagen in Komplexität, denn eine Vorhersage ist nicht möglich. Die Vergangenheit schreibt sich nicht linear fort in eine vorab erfassbare Zukunft.

Davon abgesehen ist mittlerweile wissenschaftlich fundiert ausreichend darüber aufgeklärt, dass wir Menschen per se keine rein rationalen Entscheider sind, sondern immer ein emotionaler Anteil mitspielt. Eine eindeutige Definition, was genau Intuition ist, existiert nicht. Intuition ist ganz klar mehr als so ein wenig Bauchgefühl. Persönlich begreife ich sie als das Erfahrungswissen und die Fähigkeit, unbewusst Muster zu erkennen. Im beruflichen Kontext haben wir über die Jahre Erfahrungen gesammelt und »gelernt«, welche Entscheidungen in welchen Situationen passend waren und welche nicht. Stehen wir vor einer ähnlichen Situation, meldet sich die aus dem Unterbewusstsein gespeiste Mustererkennung, und wir erahnen, was hier sinnvoll sein könnte. Als gute Mustererkennende fällt es uns beispielsweise leicht, in einer Organisation die Kultur zu erahnen, auch wenn wir neu sind und niemand explizit mit uns darüber spricht. In kurzer Zeit wissen wir, was hier geht und was tabu ist. Auch das ist ein Teil der Intuition und sie ist die sinnvollste Entscheidungsgrundlage in undurchsichtigen Situationen.

Unsere Wahrnehmung leistet viel mehr, als uns klar ist, und gerade im Job sind wir auf belegbare, zahlengesicherte Faktenarbeit trainiert. So wird meistens ein Businessplan gefordert, wenn es um neue Produkte geht. Oder eine gründliche Planung für das kommende Projekt. Oder ein belastbarer Forecast für das nächste Quartal. All diese Zukunftsprognosen kann man erstellen, sie sind jedoch eher ein Blick in die Glaskugel, als dass sie die Zukunft skizzieren. All diese Instrumente unterstellen Linearität oder trivialisieren die Komplexität. Sinnvoller ist ein geübter und gewollter Umgang mit der Intuition als einem Werkzeug, um Komplexität zu meistern.

Aber Vorsicht: Die Intuition eines einzelnen Individuums führt leicht in die Irre. Jeder einzelne Mensch hat seine Erfahrungen in bestimmten Kontexten in früheren Zeiten gemacht. Ist der Kontext heute ein ganz anderer, vielleicht auch nur weil die Welt sich weitergedreht hat, dann sind das Erfahrungswissen und die emotionale Bewertung der Situation nicht mehr passend. Entscheidungen sind dann maximal so gut wie das Erfahrungswissen des oder der Einzelnen. Eine gute Strategie ist es deshalb, die kollektive Intuition des Teams, der Abteilung, der Organisation oder Nation nutzbar zu machen. Wenn viele Menschen sich ihrer Musterbildung bewusst werden und ein Diskurs darüber stattfindet, entsteht eine gemeinsame Ahnung, wie die Zukunft aussehen könnte. Diese Ahnung wird sehr wahrscheinlich treffsicherer sein als eine Einzelintuition.

Ich plädiere seit langer Zeit dafür, die Intuition in Organisationen salonfähig zu machen und sie explizit und bewusst zu nutzen. Beginnen kann das mit einem einfachen Werkzeug, der Reflexion. Wichtig: Egal, wie Sie Ihre eigene und die kollektive Intuition in Ihre Entscheidungsprozesse einbinden, am Ende sollte eine rationale Überprüfung der gewählten Entscheidung stehen, nämlich hinsichtlich ihrer Wirkungen und Zusammenhänge. Intuition und Rationalität gehören zusammen, um in dynamischen Zeiten gute Entscheidungen treffen zu können.

Diversität

Einfalt statt Vielfalt findet sich in vielen Teams, und zwar im Denken. Arbeiten Menschen über längere Zeit in gleicher Konstellation miteinander, dann entsteht oft ein Angleichen von Sichtweisen und Meinungen. Gemeinsame mentale Modelle werden gefunden, Rituale und soziale Spiele entwickelt. Das hat einerseits einen hohen

Nutzen, denn es macht das Miteinander stabil und kuschelig, andererseits führt es mitunter zu Gruppendenken und damit zu schlechteren Entscheidungen und Ideeneinerlei.

Gesunde Teams und Organisationen sind möglichst divers, und zwar in mehrerlei Hinsicht. Sie bestehen aus Menschen mit verschiedenen Fähigkeiten, Kompetenzen, Sichtweisen und Ideen. Teams sind fast immer Expertengruppen, die je nach fachlicher Anforderung zusammengestellt werden. Allerdings braucht es gleichzeitig auch die Generalisten in diesen Teams, also Menschen, die nicht in die Tiefe, sondern in die Breite denken. Generalisten sind meist besser darin, Zusammenhänge herzustellen, Rückschlüsse zu ziehen und Übertragungen zwischen Fachgebieten zu machen. Sie denken und arbeiten eher themenübergreifend und konzeptionell. Damit die Zusammenarbeit zwischen den beiden »Denkrichtungen« gut funktioniert, ist eine offene und vertrauensvolle Atmosphäre wesentlich. Auch hier ist Diskurs notwendig und das Anerkennen der Fähigkeiten und des Beitrags der anderen inklusive der Anstrengung, die Verschiedenartigkeit im Team mit sich bringt. »Gleich und gleich gesellt sich gern« mag zwar stimmen, was die spontanen persönlichen Präferenzen betrifft; sinnvoller sind jedoch Teams, deren Teilnehmende sich gegenseitig und als Ganzes immer wieder stören.

Achtsamkeit

Frage ich Sie, wie die letzten Arbeitstage verlaufen sind, können Sie wahrscheinlich von einigen Überraschungen, unerwarteten Ereignissen und Dingen, die einfach nicht so liefen, wie Sie es gerne wollten, berichten. Das Unerwartete begegnet uns ständig und stellt uns vor die Herausforderung, zu reagieren, uns anzupassen und flexibel zu sein. Zudem kommt es in verschiedenen Gestalten daher:

- ◆ Ausbleibende Ereignisse: Eine Lieferung kommt zu spät, der wichtigste Stakeholder erscheint nicht zum Termin, das Budget wird nicht freigegeben und so weiter.
- ◆ Unwahrscheinliche Ereignisse: Dass ein Tsunami und ein Erd-

beben sehr kurz nacheinander Japan erschüttern würden, hat man im Kernkraftwerk Fukushima für so unwahrscheinlich gehalten, dass es keine Szenarien dafür gab. Schaut man rückblickend auf Katastrophen und schwerwiegende Störungen in Organisationen, dann sind oft Kombinationen von Ereignissen zu erkennen, die niemand in einem solchen Zusammenspiel für wahrscheinlich genug hielt, um sie zu berücksichtigen.

◆ Unvorstellbare Ereignisse: Der Haupteigentümer veräußert seine Firmenanteile ohne Vorwarnung von heute auf morgen? Unvorstellbar. Ein Immobilienmogul mit auffälliger Frisur wird amerikanischer Präsident? Unvorstellbar. Dem Kunden fällt mitten in der Produktion seines Produktes auf, dass er es so gar nicht benötigt? Unvorstellbar.

Realität trifft Erwartungen, das gilt für alle drei Formen des Unerwarteten. Sogenannte High-Reliability-Organisationen, die für ihre Anpassungsfähigkeit und Flexibilität bekannt sind, beschäftigen sich intensiv mit den unvorstellbaren Ereignissen. Sie hinterfragen die eigenen Erwartungen, wohl wissend, dass dies immer ein Balanceakt ist, denn alle Erwartungen infrage zu stellen, ergibt selbstverständlich keinen Sinn.

Der Schlüssel heißt Achtsamkeit. Die Menschen sind sich ihrer Vorurteile und Vorannahmen bewusst und reflektieren sie auch als Team, um nicht immer schnell die ersten schwachen Signale möglicher Überraschungen wegzuwischen. »Das haben wir schon immer so gemacht« ist kein guter Ratgeber in komplexen Zeiten. Achtsamkeit bedeutet, im Hier und Jetzt zu sein und aufmerksam die aktuelle Situation oder das Problem zu bearbeiten. Ablenkungen, die in den verschiedensten Gestalten daherkommen können, werden vermieden. Diskussionen werden nicht laufend durch Telefonate oder E-Mail-Schreiben unterbrochen, das Gespräch nicht mit dem ersten Stichwort auf ein anderes Thema gelenkt. Aufmerksam betrachten, genau hinhören, das Unwahrscheinliche bedenken und das Unvorstellbare ausmalen, all dies trainiert die Fähigkeit, adäquat zu reagieren, egal, was kommt. Ein gesundes Team, eine gesunde Organisation kann Fehler und Störungen früh antizipieren und ist stets reaktionsfähig. Das genau führt zu Flexibilität und der Fähigkeit, sich wechselnden Bedingungen anzupassen. Zuverlässige Ergebnisse in einem dynamischen Umfeld zu erreichen, erfordert die Fähigkeit zum Wandel, nicht die Wiederholung.

Fehlerfreundlichkeit

Gesunde Organisationen setzen einen Fokus auf Fehler und beschäftigen sich intensiv mit ihnen. Davor, und das ist wesentlich, haben sie den Begriff mit Leben gefüllt. Wenn Sie beginnen, über Fehler und Fehlerkultur zu sprechen, geht es oft um einen Begriffsmischmasch aus Irrtum, Täuschung und Fehler. Da gibt es die bewusst gemachten Täuschungen und die unwillentlichen Irrtümer. Das Ergebnis ist der Fehler, ein unerwünschtes Ergebnis. Zunächst ist das die einfache Definition, mit der ich arbeite. Denn auch für diesen Aspekt von Zusammenarbeit ist es hilfreich, den Blick nicht nur auf die Individuen und ihre Absicht oder Unzulänglichkeit zu richten, sondern auf das Ergebnis. Schließlich sind Fehler im Kontext von Experimenten gewollt, um die Möglichkeiten und die Grenzen auszutesten. Dabei ist ein mentales Modell à la »Fehler sind zu vermeiden; Menschen haben Schuld an Fehlern« nicht hilfreich.

Fehler sind Feedback – das ist ein weiterer Blickwinkel, den ich Ihnen ans Herz lege. Jedes unerwünschte Ergebnis sagt uns, vor allem wenn es wiederholt auftaucht, etwas über das System. Es gibt Auskunft über die Struktur und die Wirkzusammenhänge, und es gibt uns so die Chance, zu lernen und die Organisation besser zu verstehen. Fehlerlosigkeit ist Stagnation, Fehlerfreundlichkeit ist Lebendigkeit und Anpassung. Fehlerfreundlichkeit ist das, was leistungsfähige flexible Organisationen ausmacht. Sie sind in der Lage, drei Aspekte jeweils adäquat zu organisieren: Redundanz, Barrieren, Vielfalt.

◆ *Redundanz* wird häufig als das zu vermeidende Gegenstück der Effizienz betrachtet. »Und wenn ich die redundant vorgehaltene Ressource am Ende nicht brauche?«, fragen unisono die

Managenden, die darauf gedrillt sind, ihre Teams, Projekte und Maßnahmen spitz auf Knopf zu fahren. Da kommen Risikofreude und -bereitschaft mit ins Spiel, genauso wie die Kosten für einen Fehler. Denn eventuell ist es wesentlich teurer, wenn der einzige Experte für ein Thema plötzlich ausfällt und kein Ersatz verfügbar ist. Dann fehlt etwas, im wahrsten Sinne des Wortes. Auf Redundanzen zu verzichten, kann teuer werden. Fehlerfreundliches Agieren bedeutet eben, kostengünstig und möglichst früh zu scheitern. Gleichzeitig sorgen Redundanzen für Stabilität, denn es gibt Ersatz für Rollen, Funktionen, Kompetenzen, Ideen, Ressourcen oder was auch immer hohe Bedeutung für Ihr Vorhaben besitzt.

◆ Damit Fehlermachen und Scheitern nicht sofort in eine Katastrophe führen, braucht es *Barrieren*. Grenzen also, innerhalb derer agiert wird, zeitlich, finanziell, produkttechnisch und auch organisatorisch.

◆ Auf wie viele Arten lässt sich ein Problem lösen? Wie viele verschiedene Wege, etwas zu tun, haben Sie betrachtet und diskutiert? Dies ist die Frage nach der *Vielfalt*. Sie können natürlich fehlervermeidend immer einen Versuch nach dem anderen machen, aber bitte nur die mit den größten Erfolgswahrscheinlichkeiten, das ist vermeintlich sicher. Aber ganz bestimmt nicht das passende Umfeld für Innovationen und Ideen. Vielfalt, auch im Sinne kognitiver Diversität, sorgt in komplexen Kontexten für Gesundheit.

Wollen Sie Ihr Umfeld fehlerfreundlicher, also fehlerfördernd statt -vermeidend, gestalten, habe ich aus meiner Erfahrung als Organisationsberaterin einen handfesten Tipp: Ändern **Entkoppeln Sie unerwünschte Ergebnisse und Fehler von den Individuen** Sie die Art, wie Sie über Fehler sprechen. »Ich habe einen Fehler gemacht« oder »Herr / Frau XY hat einen Fehler gemacht« werden gestrichen. Entkoppeln Sie das unerwünschte Ergebnis von den Menschen; hören Sie auf, Fehler den Individuen zuzuschreiben. »Bei mir ist ein Fehler sichtbar geworden, was sagt er uns über unser System?« ist der sinnvollere Einstieg in eine neugierige, investigative Fehlerbetrachtung.

Entscheidungsfähigkeit

Wie und von wem welche Entscheidungen getroffen werden, muss klar und transparent sein. Entscheidungsprozesse gehören zu den konstanten und verlässlichen Leitplanken einer gesunden Organisation. Um einem gängigen Vorurteil vorzubeugen: Es geht nicht darum, dass jetzt alle alles gemeinsam entscheiden. Vielmehr ist es sinnvoll, zu klären, welche Dinge von wem im Einzelentscheid bestimmt werden und an welchen Stellen Gruppenentscheide vorzuziehen sind. Geht es dann darum, im Team zu entscheiden, braucht es einen verabredeten Mechanismus, damit Entscheidungen nicht mit endlosen Debatten verbunden sind. Konsensfindung und systemisches Konsensieren gehören wohl zu den am häufigsten genutzten Mechanismen.

Wie immer, wenn es um Komplexität geht, gibt es kein One-size-fits-all-Rezept. Wie Entscheidungsprozesse in einer transparenten, »bossfreien« und von allen Beteiligten geregelten Organisation aussehen können, beschreibt das Unternehmen Morning Star Inc. in vielen Artikeln und Videos. Morning Star verarbeitet Tomaten und gehört zu den Branchenführern in den USA. Die Kollegenschaft arbeitet in Gruppen, in denen jeder gleichberechtigt ist. Es existieren keine Stellenbeschreibungen oder Ähnliches. Einige der Grundprinzipien machen klar, wie die Menschen dort zusammenarbeiten und wie Entscheidungen getroffen werden:

- Es gibt keine Vorgesetzten.
- Mitarbeitende verhandeln untereinander, wer welche Aufgaben und Verantwortung übernimmt.
- Jeder und jede kann Investitionsentscheidungen treffen.
- Jeder Mitarbeitende ist dafür verantwortlich, dass alle für die Arbeit notwendigen Werkzeuge, Maschinen etc. vorhanden sind.
- Es existieren keine Titel, Auszeichnungen oder Beförderungen.
- Gehaltsverhandlungen werden in der jeweiligen Gruppe geführt und dort entschieden.

Im Klartext: Jede und jeder Mitarbeitende kann beispielsweise eine Maschine im Wert von drei Millionen Dollar anschaffen. Dazu gehört, dass er oder sie Beratung von der Kollegenschaft einholt. Bei einem solchen Wert müssten etwa 30 Menschen aus der Morning-Star-Belegschaft konsultiert werden. Wichtig ist, dass niemand so etwas wie ein Vetorecht besitzt und eine Investition oder Idee verhindern kann. Am Ende des Jahres legen alle Gruppen Rechenschaft gegenüber den Shareholdern ab. Da werden dann auch Investitionsentscheidungen begründet und bewertet. Selbstverständlich gab und gibt es bei Morning Star Fehlentscheidungen, wenn auch nicht viele und nicht wiederholte. Jeder steht in der Verantwortung seiner Entscheidung, und so gibt es ganz sicher Gruppendruck, wenn ein Mitarbeitender zum wiederholten Male drei Millionen Dollar ohne einen guten Business Case investieren möchte. Und der Gruppendruck wirkt.

Man kann die Prinzipien von Morning Star mit Blick auf die eigene Organisation natürlich gerne für unpassend halten. Das, was dahintersteckt, ist aber die richtige Idee: Entscheidungen treffen die Menschen, die es betrifft und die die entsprechende Sach- und Fachkenntnis besitzen. Damit das gelingt, brauchen die Menschen auch über ihren eigenen Arbeitsbereich hinaus vollen Zugriff auf Daten und Informationen. Die Belegschaft von Morning Star ist geschult in Betriebswirtschaft und vernetztem Denken, denn zur Philosophie gehört, dass jedes Handeln und jede Entscheidung im Sinne des gesamten Unternehmens passiert und auch Auswirkungen auf andere Bereiche berücksichtigt sind.

Die ersten Fragen, die Sie sich für Ihre Organisation dazu stellen sollten, sind:

- ◆ Welche Entscheidung sollte sinnvollerweise von wem getroffen werden?
- ◆ Vertrauen Sie sich gegenseitig genug?

Beziehungen gestalten

Eine latente Krankheit schlummert in vielen Organisationen: Vitamin-B-Mangel. Immer wieder erlebe ich in der Arbeit mit Gruppen, dass die Menschen nicht in Kontakt zueinander gehen. Sie sprechen miteinander über das Was der Aufgaben, über die anderen, über die Umstände. Worüber sie nicht sprechen, sind »Ich« und »Wir«. Es herrscht Stille im Raum, wenn ich beispielsweise frage »Welche Rolle spielt Macht in Ihrer Organisation?« oder »Wie gehen Sie als Team mit Fehlern um?«. Die Stille kann viele Ursachen und Hintergründe haben, das ist mir klar. Worauf ich hinauswill: Es findet kein Gespräch statt, kein Blickkontakt, nichts. Es ist immer wieder genau die Schwelle, an der die Menschen in echten Kontakt treten und etwas von sich preisgeben müssten. Um gemeinsam zu reflektieren oder auch Konflikte zu klären, müssen die Beteiligten sich zeigen. Genau das scheinen wir uns abtrainiert zu haben in den auf Effizienz und Aufgabenerfüllung fokussierten Organisationen, die ihre Mitarbeitenden gerne als Ressourcen bezeichnen. Das ist nicht gesund, weder auf der Ebene der Einzelnen noch auf der organisationalen.

Menschen brauchen Anerkennung und Kontakt, Organisationen brauchen vernetzte, kooperierende Menschen. Es wird Zeit, das »In-Kontakt-Gehen« wieder zu üben. Ähnlich wie beim Thema Vertrauen lässt sich Kontakt nicht verordnen und meist auch nicht direkt thematisieren. Könnte man darüber sprechen, gäbe es wahrscheinlich auch keinen Vitamin-B-Mangel. Ein erster Schritt ist die regelmäßige Reflexion im Team über die verschiedenen Aspekte des Wie der Zusammenarbeit. So kann Vertrauen entstehen und daraus Nähe und Kontakt wachsen. Gleichzeitig ist es sinnvoll, wenn Sie auch für sich selbst überlegen, wo Sie Ihre Grenzen ziehen und wie viel Sie bereit sind von sich zu zeigen und unter welchen Bedingungen.

Diskurs

Es gibt eine elementare Zutat, wenn es ums Problemlösen, die Entfesselung der Selbstorganisation oder die Ideenfindung geht. Diese Zutat heißt Diskurs und ist echte Auseinandersetzung und nicht das auf schnellen Konsens fokussierte Geplauder. In unserer komplexen Welt stehen wir immer wieder vor Situationen, in denen wir mit unserem Wissen nicht weiterkommen. Expertentum für ungewisse Zukünfte gibt es nicht; und da, wo Verfügungswissen nicht mehr Retter aller Entscheidungen ist, braucht es das Kollektiv, also die diversen Sichtweisen, Meinungen und Kompetenzen im Team beziehungsweise in der Organisation. »Da geht es lang« oder »Die Welt ist so und so« sind keine Leitplanken mehr, weil ungültig.

Das, was unser Handeln orientiert, ist der Diskurs. In der Auseinandersetzung finden wir zusätzliche Perspektiven, Einschätzungen und Bewertungen, die wir in unser Denkmodell integrieren können. In einer gesunden Organisation ist Diskurs an der Tagesordnung. Friedlich und wertschätzend setzen sich die Beteiligten intensiv auseinander. Ich persönlich nutze gerne den Begriff des Streitens, denn Diskurs heißt auch, seinen Standpunkt zu vertreten, für eine Idee zu kämpfen und durchaus hartnäckig zu sein. Der springende Punkt dabei ist, offen und flexibel im Kopf und bereit zu sein, im Diskurs mit anderen zu lernen. Schaffen Sie ein Umfeld, in dem die Lust auf Auseinandersetzung gedeiht.

Kooperation

»Survival of the fittest« ist immer noch das Argument Nr. 1, wenn es um eine Erklärung für mangelnde Kooperation geht. Seit Charles Darwin glauben wir Menschen daran, dass das (Arbeits-)Leben ein ewiger Kampf ums Überleben ist und nur die Anpassungsfähigsten sich durchsetzen werden. Das ist ein Glaubenssatz, der leider noch festverdrahtet zu sein scheint in den Köpfen vieler Menschen. Dagegen steht die Sichtweise von Forschenden aus Biologie und den modernen Neurowissenschaften. Danach ist Konkurrenz ein

Konstrukt der Wirtschaft, während die Natur (und damit auch der Mensch) auf Kooperation ausgelegt ist. Abgesehen davon, dass ich dieser Sicht lieber folge, ist Kooperation zwingend notwendig, um in dieser komplexen Welt erfolgreich wirtschaften und agieren zu können.

In vielen Projekten, Joint Ventures oder netzwerkartigen Zusammenschlüssen wird interdisziplinäre und unternehmensübergreifende Zusammenarbeit praktiziert. Leider, und das lässt sich immer wieder beobachten, mit interner, oft künstlich erzeugter Konkurrenz. Im Glauben, so bessere Ergebnisse zu bekommen, wird Kooperation unterwandert und Vertrauen auf Dauer zerstört. Dabei ist Kooperation die Form von Miteinander, die uns Menschen am liebsten ist, unsere Motivation erhält und uns zufrieden macht. Wir sind auf Miteinander, soziale Anerkennung und gute Beziehungen ausgelegt. Im Zusammenhang mit der Frage nach Kooperation hat Joachim Bauer in seinem Buch *Prinzip Menschlichkeit* (2008) den Zusammenhang von Motivation, Dopamin und dem Belohnungszentrum im Gehirn ausführlich und nachvollziehbar erläutert.

Eliminieren Sie gezielt alles, was die Kooperation verhindert Unterstellen wir also, dass Menschen grundsätzlich gerne kooperieren, stellt sich ja die Frage, wie sich das fördern lässt. Zumal echte Kooperation unabdingbar ist, um eine Organisation gesund zu erhalten. Die Antwort lautet: »Eliminieren Sie die Kooperationsverhinderer.« Wie so viele Dinge, gehört auch Kooperation zu den Verhaltensweisen, die sich nicht direkt verordnen lassen. »Nun kooperiert mal schön, dann wird alles gut« klappt schon seit Jahrzehnten im klassischen Projektmanagement nicht wirklich. Menschen kooperieren selbstverständlich, gut und gerne, wenn sie können. Das heißt, es darf nichts geben, was das verhindert, wie beispielsweise individuelle Zielvorgaben, Silodenken oder Misstrauen. Kooperation fördern bedeutet, Konkurrenz und Nichtkooperation zu verhindern und ein Umfeld zu schaffen, in dem der natürliche Wunsch des Menschen nach gutem Miteinander gedeiht. Der erste Schritt ist die Bestandsaufnahme durch Beobachten und die ehrliche Antwort auf die Frage nach gelebter Kooperation in Ihrer Organisation.

Feedback

Feedback ist Rückkopplung, und unser Alltag ist voll von Rückkopplungsprozessen. Ob wir gehen, mit anderen sprechen, ein Produkt entwickeln oder in der Nase bohren, es finden dabei laufend Rückkopplungen statt. Ohne sie gäbe es keine Messungen, ob wir noch auf dem richtigen Pfad sind, und keine Anpassungen. Und das ist der entscheidende Punkt: Feedback bedeutet Anpassung, Korrektur, Veränderung. Unverbindliches Geplauder darüber, was wir im nächsten Quartal mal anders machen könnten, ist eben nur Geplauder, aber definitiv kein Feedback. In den Kapiteln »Kontrollzwang« und »Starrsinn« habe ich einige Aspekte von Feedback beschrieben. Denn natürlich ist auch Zusammenarbeit, Führung und Management bestimmt von Feedbackschleifen, wir sind uns dessen nur nicht bewusst. Dieses Bewusstsein möchte ich schärfen, denn es ist notwendig, wenn wir Organisationen gesund gestalten wollen.

Beginnen Sie, »Ihr System« zu beobachten. Betrachten Sie Situationen und Vorgänge hinsichtlich der Wirkzusammenhänge. Was bewirkt was? Was sorgt für mehr von was? Was sorgt für weniger? Was bleibt über längere Zeit unverändert? Was ist direkt sichtbar, was implizit? Machen Sie sich klar, dass Sie so ein vereinfachtes Modell der Realität entwerfen, denn Sie betrachten immer nur einen Ausschnitt. Und trotzdem werden Sie, besonders wenn Sie die Dinge über ihren zeitlichen Verlauf im Blick haben, Einsichten gewinnen und beginnen, die Zusammenhänge zu verstehen. Und dann können Sie sehr viel gezielter Einfluss nehmen.

Da es bei der Einflussnahme (fast) immer um Veränderung geht, möchte ich Ihren Fokus noch einmal auf die Unterscheidung von positivem und negativem Feedback lenken. Sie erinnern sich an das Beispiel der Hühnerpopulation? Je mehr Hühner, desto mehr Eier; und je mehr Eier, desto mehr Hühner. Eine eskalierende Rückkopplungsschleife, auch Wachstum genannt.

Da unendliches Wachstum nicht existiert und auch Hühnerställe keine Inseln sind, gibt es gleichzeitig einen stabilisierenden Kreis-

lauf. In dem Beispiel die berüchtigte B54. Je mehr Hühner, desto mehr Straßenüberquerungen; und je mehr Überquerungen, desto weniger Hühner. Ein stabilisierender, zielsuchender Kreislauf. In ihm liegt oft die Problemursache beziehungsweise der größte Veränderungshebel, aber auf ihm leider nicht das Augenmerk der Führenden.

Stabilisierendes Feedback versucht immer das System auf einem Wert oder in einem Wertebereich zu halten. Es arbeitet sozusagen gegen die aufgezwungenen Veränderungen, die das Management oder wer auch immer initiiert. Viele Unternehmen haben in ihren Veränderungsprojekten Erfahrung mit Widerständen gemacht, sie dann aber leider den sturen Mitarbeitenden zugeschrieben, statt sich in Ruhe die wirkenden Rückkopplungsmechanismen anzuschauen. Was das Neue verhindert, ist die spannende Frage. Was ist Ihre B54? Und wie lässt sich der Wirkungskreislauf verändern? Um gute Antworten auf diese Fragen zu finden, betrachten Sie die Wechselwirkungen auf den Ebenen Ereignis, Muster, Struktur und mentale Modelle.

Wenn Sie in der Zusammenarbeit mit Ihren Mitarbeitenden und Ihrer Kollegenschaft wirksam sein wollen, müssen Sie verbindlich sein. Soll heißen, aus den Lessons Learned ergeben sich Änderungen, die tatsächlich praktiziert werden. Aus einem Feedbackgespräch kommen Verabredungen, die bindend sind. Nur Meinungen auszutauschen, hat keine Wirkkraft und den vielen Feedbackschleifen, die zu jeder Zeit in Ihrem System wirken, nichts entgegenzusetzen. Das soziale System, an und in dem Sie arbeiten, ist im Hinblick auf seine Wirkzusammenhänge zuverlässig, verbindlich und zielorientiert. Sind Sie das auch?

Anerkennung

Mit das Schlimmste, was uns Menschen passieren kann, ist soziale Isolation. Daran gehen wir ein, sie entzieht uns sämtliche Motivation und löst enormen Stress aus. Diese Erkenntnis ist nicht neu und die Vertreter und Vertreterinnen der modernen Neurowissenschaften versuchen sie auch in die Arbeitswelt zu tragen. Der Umkehrschluss nämlich lautet: Anerkennung und Gesehenwerden sind essenziell für jeden Menschen.

Wir sind Beziehungswesen, und daher reicht es nicht, nur gute Bedingungen im Sinne von Zeit, Budget oder Kickertisch zu schaffen, vielmehr brauchen wir Aufmerksamkeit im Umgang miteinander und das Erkennen jedes Einzelnen. Das sind nicht die großen Gesten, ein dickes Lob für geleistete Arbeit vor dem gesamten Team oder Ähnliches. Vielmehr lauschen unsere Sensoren auf die vielen kleinen Gesten der Anerkennung. Spreche ich mit meiner Führungskraft, hört sie mir dann wirklich aufmerksam zu oder schaut sie aufs Smartphone und murmelt: »Sprechen Sie ruhig weiter, ich muss nur eben nebenbei ...«? Was geschieht in der Teambesprechung, nachdem eine Kollegin beispielsweise von einem Problem und seiner Lösung berichtet? Wie verhält sich die Gruppe?

Aufmerksamkeit ist auf den Ebenen zwischen Führungskraft und Mitarbeitenden einerseits und zwischen Teammitgliedern andererseits zu beachten und zu fördern. Und in erster Linie geht es dabei um Präsenz, körperliche und geistige Anwesenheit, und zwar stets. Kommen Menschen aus tradierten Organisationen mit hoher Arbeitsteilung und Vereinzelung, dann ist es ein Prozess mit garantierten Höhen und Tiefen, um auch in der Gruppe entsprechende Aufmerksamkeit und Anerkennung zu geben und zu nehmen. Haben sie gelernt, dass es reicht, wenn sie bei ihrem eigenen Tagesordnungspunkt kurz wach werden und ansonsten E-Mails beantworten, dann ist das Aufmerksamsein, wenn es für sie gerade nicht so spannend ist, anstrengend. Jeder, der schon mal in irgendeiner Form Gruppenselbsterfahrung mitgemacht hat, weiß, wovon ich hier schreibe. Einen Fahrplan kann ich Ihnen nicht anbieten, wohl aber einige Ideen, um Anerkennung zur Selbstverständlichkeit werden zu lassen:

- Lösen Sie gemeinsam Probleme. Schaffen Sie Gelegenheiten, in denen Ihre Mitarbeitenden zusammenarbeiten müssen. Das ist meistens überhaupt nicht schwer, im Gegenteil. Vermeiden Sie die klassische Arbeitszuteilung, geben Sie Aufgaben und Problemstellungen ins Team und nicht an Einzelne. Und, ganz wichtig, arbeiten Sie als Führungskraft mit. Sie sollten keine verwaltende Rolle haben, sondern genauso zur Problemlösung beitragen wie die anderen Mitarbeitenden.
- Feiern Sie Erfolge, so oft es geht. Ein gutes Vorbild findet sich, mal wieder, im Sport. In der Bundesliga feiern die Mannschaften nicht nur oder erst, wenn sie Meister geworden sind. Dann zwar besonders, aber bis dahin werden Siege, Tore und auch Chancen bejubelt und gefeiert. Die Feiern sind klein und kurz, finden aber statt. Spieler und Mannschaften haben dazu oft Rituale, die wiederkehren, und das ist gut so, sorgen sie doch für Verlässlichkeit und Verbindlichkeit. Auch gute Pässe oder Torschüsse werden, selbst wenn der Ball danebengeht, von den Mitspielern gesehen und anerkannt. Für das Arbeitsleben können Sie gemeinsam festlegen, wann und wie Sie Etappensiege, kleine und große Erfolge bejubeln wollen. Darin haben Anerkennung für Einzelne, Teilgruppen und das gesamte Team Platz.

◆ Bleiben Sie im Gespräch miteinander. Miteinander arbeiten bedeutet immer auch Gruppendynamik, den eigenen Status im Team aushandeln, sich zurücknehmen, aushalten, in Führung gehen. Soziales Miteinander macht nicht immer nur Spaß, mitunter empfinden wir die anderen als anstrengend und manchmal stimmt die Chemie einfach nicht. Deshalb sollten Sie sich regelmäßig fragen, ob und wie Sie gut miteinander arbeiten können. Was es dazu braucht und wo Hemmnisse sind. Das zu tun, braucht Disziplin und manchmal Mut, denn es bedeutet Auseinandersetzung. Achten Sie darauf, in Feedbackrunden und Retrospektiven nicht nur über das Was (die Inhalte), sondern auch über das Wie (die Zusammenarbeit) zu sprechen. Das gut zu gestalten, steigert die Performance und sorgt für das Gesehenwerden jedes Einzelnen, und das ist Grundbedingung für gute Einzel- und Teamarbeit.

Prinzipien

Besprechen Menschen in vom Kontrollzwang gepeinigten Organisationen Aspekte ihrer Arbeit, dann ruft schnell jemand: »Wir brauchen Regeln.« In der Tat versuchen viele Organisationen, so alle Vorgänge, Entscheidungen und Situationen unter Kontrolle zu bekommen. Entsprechend umfangreich sind die Handbücher für Projektmanagement, Qualitätsmanagement oder Bewilligungsprozesse. Regeln sind konkret, kleinschrittig und geben genau vor, was wie zu tun ist. Sie sind geeignet für Kompliziertes, wie die wiederholte Konstruktion eines Computers oder die immer gleiche Untersuchung von Bodenproben auf einen bestimmten Schadstoff.

Wollen Sie Zusammenarbeit, Problemlösung oder Ideenfindung in komplexen Kontexten mit Regeln in den Griff bekommen, werden Sie scheitern. Denn das hieße, dass Sie für jeden Fall der Fälle eine Regel definieren mussen. Das geht erstens aufgrund der vielen Fälle nicht, und zweitens bringen Sie den Menschen im Unternehmen damit bei, ihr Gehirn auszuschalten. Es ist ja alles vorgekaut, und was nicht explizit in einer Regel erwähnt ist, wird je nach Situation interpretiert. Auf diese Art und Weise gehen Menschen definitiv nicht in ihre Eigenverantwortung beziehungsweise brechen die Regeln fortlaufend, wenn diese in einer konkreten Situation einfach keinen Sinn ergeben. Im Kapitel »Kontrollzwang« habe ich das Beispiel der Tankrichtlinie eines Unternehmens skizziert. Die Regeln dort geben vor, nur zwischen 15 und 20 Uhr zu tanken, nur bestimmte Tankstellen zu nutzen und dafür aber keine Umwege von mehr als 20 Kilometern zu fahren. Der Wunsch, der eigentlich dahintersteht, ist doch, dass alle Mitarbeitenden kostenbewusst agieren. Sinnvoller als eine Sammlung solcher Anweisungen ist die Verabredung auf Prinzipien.

Ein solches Prinzip könnte lauten: »Wir agieren so, wie es ökonomisch und ökologisch sinnvoll ist.« Prinzipien werden erst in konkreten Situationen mit Leben gefüllt, und zwar von der handelnden Person. Sie setzt einen Rahmen, in dem agiert, entschieden und auf Überraschungen reagiert werden kann. Ein Paradebeispiel für diese Art zu arbeiten ist das Agile Manifest. Auch wenn diese Prinzipien im Kontext der Softwareentwicklung entstanden sind, haben sie Allgemeingültigkeit und machen klar, wie handlungsleitend Prinzipien sind.

Agiles Manifest

- Individuen und Interaktionen haben Vorrang vor Prozessen und Werkzeugen.
- Funktionsfähige Software hat Vorrang vor ausgedehnter Dokumentation.
- Zusammenarbeit mit dem Kunden hat Vorrang vor Vertragsverhandlungen.
- Reagieren auf Änderungen hat Vorrang vor strikter Planverfolgung.

»Wir erkennen dabei sehr wohl den Wert der Dinge auf der rechten Seite an, schätzen die auf der linken Seite aber mehr«, heißt es auf Homepage von agilemanifesto.org.

Basiert gemeinsame Arbeit auf Prinzipien, ist fortlaufender Diskurs garantiert. Denn natürlich gibt es Ausnahmen, Interpretationen und verschiedene Auslegungen. Das, was man über Regeln glaubt abfangen zu können, ist hier ausdrücklich notwendig. Diejenigen, die aus der Reihe tanzen, müssen dafür einstehen und sich auch durchaus gegen den Gruppendruck behaupten. Das ist ein Teil des Frei- und Entscheidungsspielraumes, der sich daraus ergibt. Diskurs, Denken, Entscheiden ausdrücklich erwünscht. In Komplexität braucht es Prinzipien, keine Regeln.

In Komplexität braucht es Prinzipien, keine Regeln

Selbstorganisation

An dieser Stelle versuche ich den Begriff »Selbstorganisation« auf den Punkt zu bringen, ohne erst die systemtheoretische Definition rauszuholen: Jedes komplexe System ist selbstorganisiert und Management ist ein künstlicher Eingriff in die Natur des Systems. Jedes Team, jede Abteilung, jedes Unternehmen ist selbstorganisiert, sie alle schaffen Strukturen, etablieren neue und grenzen sich zu ihrer Umwelt ab.

Die seit einigen Jahren zu hörende Forderung nach mehr Selbstorganisation meint meistens Selbststeuerung im Sinne von weniger Kontrolle und mehr Entscheidungsfreiraum.

Selbstorganisation existiert immer, als Eigenschaft jedes komplexen Systems

Oder – und das ist ein großer Teil der vielen Missverständnisse rund um Selbstorganisation – Anarchie und Chaos, weil man glaubt, dass jeder und jede macht, was er oder sie gerade will. Viele Menschen in Management- und Führungspositionen glauben, dass es dasselbe ist wie Laisser-faire. Um es deutlich zu machen: Selbstorganisation existiert einfach, als Eigenschaft jedes komplexen Systems. Wir fesseln und knebeln sie mit »Management by irgendwas« und zu viel Kontrolle. Damit gehen oft auch Motivation, Eigenverantwortung und Spaß an der Wertschöpfung verloren. Also geht es darum, Selbstorganisation zu entfesseln, mir zumindest. Wie kann das gelingen? Eine fertige Rezeptur gibt es selbstverständlich nicht, aber notwendige Zutaten. Dazu gehören Disziplin, passende Prozesse, Flexibilität und Feedback.

Disziplin: Die engen Vorgaben, Prozess- und Methodenhörigkeit haben uns in der Zusammenarbeit unverbindlich, ziellos und undiszipliniert werden lassen, so meine Hypothese. Wir reden viel und oft über das Was, denn das Wie ist scheinbar ja geklärt, aber eben nur scheinbar. Und so verlaufen Besprechungen end- und ergebnislos, werden Probleme nicht ursächlich beleuchtet, bleiben Verabredungen unverbindlich. Jeder zieht sich auf die Prozesse und Vorgaben zurück. Echter Diskurs über die Zusammenarbeit? Fehlanzeige! Das genau ist der Punkt, an dem Disziplin notwendig ist, um mit dem Weglassen vieler Kontroll- und Steuerungsmechanismen eben kein Chaos zu produzieren, sondern zielgerichtete, konstruktive Schubkraft. Für das Einhalten verabredeter Prinzipien sind alle im Team verantwortlich, und Feedback wird genutzt, um zu bewerten und zu verbessern. Dafür, was und wie jemand etwas tut, muss jeder einzelne Mitarbeitende im Diskurs miteinander einstehen. Die hierfür notwendige Disziplin ist anstrengend. Sie ist der Kitt der Selbstorganisation, damit aus komplexen Systemen nicht chaotische werden.

Passende Prozesse: In selbstorganisierten Teams können alle die Dinge so machen, wie sie wollen? Genau das Gegenteil ist der Fall. Entscheidungsprozesse, Kommunikation, Austausch, Feedback, alle wichtigen Prozesse müssen hochgradig standardisiert sein. Sonst ist nicht zu gewährleisten, dass Informationen für alle bereitstehen oder dass Entscheidungsfindung keine never ending story wird. Der Punkt ist, dass die Prozesse verlässlich sind, die Zwischen- und Endergebnisse oder Prozessschritte aber nicht kontrolliert oder zentral gesteuert werden. SCRUM als wohl populärste Methode aus der agilen Welt kommt mit glasklaren Rollen, Aktivitäten und Artefakten. Wenn eine Iteration auf zwei Wochen festgelegt ist, dann läuft sie auch genau zwei Wochen. Ist das Daily Stand-up-Meeting auf zehn Minuten festgelegt, dann endet es nach zehn Minuten. Und das Entwicklerteam schätzt gemeinschaftlich die Kundenanforderungen und legt fest, was in der kommenden Iteration zu schaffen ist.

Es braucht sehr klare Rahmenbedingungen und Leitplanken, damit mehr Selbstorganisation gelebt werden kann.

»Always run a changing system«: Flexibilität, Disziplin und Standardisierung schließen sich nicht aus, sondern gehen Hand in Hand. Die verabredeten Prozesse zu leben, braucht Disziplin und gleichzeitig die notwendige Flexibilität, sie bei Bedarf auch wieder zu verändern. Aber eben nicht willkürlich und nach Tageszeit, sondern im Diskurs. Selbstorganisiert miteinander zu arbeiten bedeutet, in einem fortlaufenden Verbesserungsprozess zu wirken und immer wieder kleine und größere Veränderungen vorzunehmen. Sei es an den Abläufen, an den Produkten, an der Zusammenarbeit oder an den eigenen Denkmustern. Flexibilität beginnt im Kopf der beteiligten Menschen und ist Grundvoraussetzung für selbstorganisiertes Arbeiten. Gleichzeitig braucht es auch ein stabilisierendes Moment, eine Basis für die Zusammenarbeit. Die liegt in einer gemeinsamen Wertebasis, in der Vision, im »Warum tun wir das?«.

Feedback: Die Möglichkeit, laufend zu lernen, und zwar vor allem über die Art und Weise der Zusammenarbeit, nennt sich Feedback. Formate wie Retrospektiven werden dazu genutzt, um zu schauen, was gut und was weniger gut lief. Mit dieser Bewertung werden Veränderungen verabredet und sofort umgesetzt. Ohne Rückschau und ohne Feedback kann ein soziales System seine Selbstorientierung nicht halten, und im schlimmsten Fall macht doch wieder jeder und jede, was er oder sie will. Eine generelle Beschreibung von Feedback finden Sie im Kapitel »Starrsinn«.

Transparenz

Einige Jahre meiner Angestelltenkarriere habe ich, wie schon an früherer Stelle erwähnt, für ein System- und Softwarehaus gearbeitet und mit steigender Verantwortung auch die Unternehmensbereiche gewechselt. Ich landete organisatorisch irgendwann in der wirtschaftlich erfolgreichsten Business-Unit; bezüglich Umsatz und Deckungsbeitrag waren wir immer ganz vorne. Der Leiter dieser BU, mein Chef, war eine »spezielle Sorte Mensch« und längst nicht jeder mochte ihn als Person. Der anhaltende unbestrittene Erfolg aber wurde ihm zugerechnet. Die alte Idee vom Helden lebt bis heute in dem Unternehmen. Er selbst sah das anders und begriff sich »nur« als ein kleiner Teil des großen Ganzen.

Was aber unterschied uns im Wesentlichen von anderen Business-Units, was die guten Zahlen erklärte? Wir verkauften die gleichen Dienstleistungen und Produkte, arbeiteten mit denselben Partnerfirmen und waren, im Unterschied zu anderen, auch noch über verschiedene Standorte verteilt. Aber wir wussten zu jedem Zeitpunkt, wie es finanziell um uns stand, was an Euros rausging und was reinkam. Jedem war klar, welche Produkte und Leistungen unsere Cashcows waren, wo wir drauflegten, um neues Geschäft zu generieren, und – was sicher am wichtigsten war – wir alle waren in die Entscheidungsprozesse einbezogen. Jeder einzelne Mitarbeitende, ob Führungskraft oder nicht, kannte seinen oder ihren Anteil am Erfolg. Die Zahlen lagen offen und transparent auf dem Tisch, zu jeder Zeit. Das unterschied uns vom Rest der Organisation und ist, davon bin ich zutiefst überzeugt, ein kaum zu überschätzender Faktor unseres damaligen Erfolges.

Open-Book-Management: Da atmen viele Geschäftsführende und Menschen mit Managementverantwortung erst mal tief ein, wenn wir darauf zu sprechen kommen. Sie alle wollen eigenverantwortlich handelnde, am besten unternehmerisch denkende Mitarbeitende, das ist meist der Ausgangspunkt. Und dann haben wir das Thema der Transparenz in vielen Facetten, wie Entscheidungsstrukturen offenlegen, Strategie transportieren beziehungsweise mitbeteiligt erarbeiten, Zielklarheit, Zielvorgabenoffenheit und so weiter, längst besprochen. Wenn Menschen unternehmerisch mitarbeiten sollen, müssen sie auch wissen, welchen Anteil ihre Arbeit am Erfolg hat.

Jack Stack (2014), der diesen Managementansatz populär gemacht hat, nutzt in seinem Buch *The Great Game of Business* ein schönes Bild. Er wünscht sich, dass Organisationen so sind wie Aquarien. Alles ist zu sehen: was passiert, was reinkommt, was rausgeht, wer was tut. Als Gründer und CEO von SRC, einem Maschinenbau-unternehmen, sagt und schreibt er heute, dass die schonungslose Veröffentlichung der Unternehmenszahlen es ihm und seinem Team erst ermöglicht haben, es in den 1980er-Jahren vor dem Ruin zu retten. Der Kontostand, die Außenstände, die Forderungen und die Tatsache, dass das Unternehmen kurz vor der Pleite stand, waren für alle Beteiligten klar. Sie haben überlegt, was jeder Einzelne tun kann, um die Pleite abzuwenden, und alle Kräfte gebündelt. Seitdem kennt jeder Mitarbeitende, und ich meine wirklich jeden, die geschäftskritischen Zahlen und weiß, wo das Unternehmen gerade steht und welchen Anteil er an diesen Zahlen hat. Bei SRC war das Unternehmen wirtschaftlich betrachtet krank, die Organisation aber gesund und hat so, auch über die Krise hinaus, für echte partizipative, agile und anpassungsfähige Zusammenarbeit gesorgt.

Kerstin Friedrich, führende Expertin für Open-Book-Management in Deutschland, fasst das Thema in Bezug auf deutsche Unternehmen so zusammen: »Open-Book-Management ist nach einem kurzen Hype in den 1990er-Jahren heute so gut wie tot. Wenn es Unternehmern gelingt, ihre Bedenken über Bord zu werfen und die Zahlen transparent zu machen, ist das Ergebnis in aller Regel ernüchternd. Kaum jemand interessiert sich dafür, und der erhoffte Effekt auf die Selbstorganisation ist dann logischerweise gleich null. Wenn die Zahlentransparenz ihren ganzen Charme und ihren unglaublichen Motivationseffekt entwickeln soll, braucht es drei Dinge: Finanztraining für die gesamte Belegschaft, eine kluge Auswahl der Kennzahlen, die tatsächlich zu den Menschen ›sprechen‹, ein spannendes Format, in dem die Geschichten hinter diesen Zahlen erzählt werden. Alle drei Voraussetzungen sind viel einfacher zu schaffen, als man auf den ersten Blick vermuten mag.«

Nun ist Transparenz natürlich nicht nur Open-Book-Management, und die Diskussionen ranken sich stets um die Frage: Wie viel Transparenz ist sinnvoll? Kerstin Friedrich und Timo Kaapke (2018) beschreiben die Gratwanderung zwischen erbarmungsloser Offenlegung und gesunder Transparenz. Darin wird deutlich, dass die Intransparenz natürlich auch eine wichtige Schutzfunktion für die

Menschen in sozialen Systemen hat. Als ein extremes Beispiel für vollständige Transparenz ohne irgendeine Schutzmöglichkeit führen Friedrich und Kaapke den US-Hedgefonds Bridgewater Associates an. Dessen Gründer Ray Dalio hat seine Prinzipien der vollständigen Transparenz in einem 123 Seiten starken Manifest niedergeschrieben. Auf diese Prinzipien werden alle Mitarbeitenden gedrillt und geprüft – und bei »schlechten« Prüfungsergebnissen werden sie vor allen anderen bloßgestellt. Besprechungen werden gefilmt und archiviert, damit sich auch später noch feststellen lässt, wer was wann wie zu wem gesagt hat. Die Liste der unglaublichen Vorgänge dort ist lang und zeigt, wozu Transparenz sich eben auch missbrauchen lässt.

Eines darf in einer gesunden Organisation also nicht passieren: dass Offenlegung zum Deckmantel für die gnadenlose Zurschaustellung einzelner Menschen und ihrer Arbeitsleistungen wird. Man denke beispielsweise an die sogenannten Rennlisten, die noch immer in vielen Vertriebsorganisationen gang und gäbe sind. Auch wenn die Namen der einzelnen Vertriebsmitarbeitenden verklausuliert in den Ergebnislisten stehen, kann doch jeder sofort rückschließen, wer welchen Beitrag einbringt.

Geht es also um Arbeitsergebnisse, dann ist das Transparentmachen von Einzelleistungen tabu. Und am Ende entscheidet eh die innere Haltung, was im Rahmen der Offenlegung wie interpretiert wird. Es gibt mittlerweile einige Unternehmen, die auf Teamebene ihre Leistungen und Ergebnisse veröffentlichen. Das eine Motiv dahinter ist das Informieren der Kollegen, damit auch alle anderen wissen, wie viele Kundenbeschwerden reinkommen, wie hoch die Anzahl bearbeiteter Tickets ist und so weiter. Das zweite Motiv ist die Überprüfung der Teamleistung durch das Team selbst. In einem Prozess der fortlaufenden Verbesserung muss ein Team schon konkret wissen, wo es steht und wie die Zahlen sich durch was verbessern. Beginnen Sie damit, die für Ihren Bereich kritische Zahl zu definieren und mit allen Beteiligten zu überlegen, was Sie gemeinsam tun können, um diese Zahl zu verbessern. Sie werden erleben, dass dadurch eine Betrachtung der Wechselwirkungen mit anderen Abteilungen, Bereichen, Menschen entsteht und so die Transparenz erhöht wird.

Bürokratieminimalismus

Die Plattform REFIT soll es möglich machen: Seit einiger Zeit können Bürgerinnen und Bürger auf dieser Plattform, die eine EU-Kommission im Rahmen ihrer Entbürokratisierungsarbeit ins Leben gerufen hat, Vorschläge machen, welche Gesetze auf die Müllhalde der Überflüssigkeit sollen. Die jahrelange Häme bezüglich der Gesetze zu Gurkenkrümmung, Glühbirnen, Duschköpfen und Traktorsitzen hat es möglich gemacht. Diese Art der Generalüberholung findet in Organisationen leider eher selten statt. Dabei gibt es dort ausreichend Bürokratisches, das keinen Anteil zur Wertschöpfung beiträgt, Energie frisst und aus der Idee der zentralen Kontrolle stammt.

Es geht beim Abbau von Bürokratie nicht darum, aus drei Formularen eines zu machen. Vielmehr geht es um das Abschaffen von unsinnigen Kontrollmechanismen, Protokollen zu Protokollen von irgendwas, Handzetteln zur prozessgetreuen Reisekostenabrechnung und so weiter. Soll der Fokus im Unternehmen auf Wertschöpfung liegen und die Zusammenarbeit selbstorganisiert und für die Menschen motivierend und befriedigend sein, beschränken Sie Ihre Bürokratie auf das Nötigste. Dazu hinterfragen Sie zunächst, aus welchem Motiv bei Ihnen welche Vorgabe, Richtlinie und Protokollierung eingeführt wurde, und stellen auch das Motiv auf den Prüfstand. Eventuell ist es überholt.

Echte Probleme

Viele Organisationen stecken in Wohlstand und Prozessüberfrachtung und haben ausreichend Zeit, über alles mögliche Belanglose zu lamentieren. Läuft ein Unternehmen in eine akute Krise, richtet sich der Fokus fast automatisch auf das Wesentliche, und das Lamentieren hört auf. Meine Hypothese: Wir haben den Menschen beigebracht, auf hohem Niveau zu jammern, Widerstand gegen Veränderung zu zeigen – und dafür gibt es zu viel Gelegenheit. Lösen Sie Probleme, beschäftigen Sie sich mit wichtigen Dingen. Geht es um Probleme, dann zeigen sich zwei Tendenzen in Organisationen, die auf Dauer die Gesundheit schädigen: Es werden Symptome behandelt und es wird zu viel an unechten Problemen gearbeitet.

»Wir kriegen unsere Lehrstellen nicht besetzt, der Umsatz ist eingebrochen, die Software ist wieder fehlerhaft, immer mehr Mitarbeitende kündigen und so weiter und so fort.« Fällt Ihnen etwas auf? Genau, all das sind Beschreibungen von Symptomen. Und so beginnen die Menschen meistens, wenn sie gebeten werden, das aktuelle Problem zu schildern. Wir sind so darauf trainiert, ereignisorientiert und schnell zu agieren, dass wir, ohne in die Tiefe zu denken, auf das erstbeste Symptom anspringen und es zum Problem ernennen. Dabei ist die Beschreibung dann oft genauso generalisiert wie in meinen kleinen Beispielen und nicht mehr als eine Überschrift.

Organisationen müssen stärker trainieren, nach den Ursachen zu forschen und hinter die Symptome zu schauen, denn Probleme lassen sich nun mal nur ursächlich beheben. Hierbei helfen komplexes Denken und die Differenzierung von Ereignissen, Mustern und Strukturen, um der Sache auf den Grund zu gehen. Sind Sie beim wirklichen Problem angekommen, dann beschreiben Sie es bitte auch ausführlich genug, um damit etwas anfangen zu können. »Im Verlauf des letzten halben Jahres ist die Zahl der Kündigungen von fünf (Vorhalbjahr) auf 23 gestiegen, 17 davon im Marketing.« Damit sind Sie sicher noch nicht an der Wurzel, aber Sie haben eine aussagefähige Beschreibung, mit der sich arbeiten lässt.

Es gibt nur ein Problem, um das sich ein Unternehmen kümmern muss: das der Kunden

Würden nicht so viele unechte Probleme beackert, bliebe mehr Zeit für die intensive Behandlung tatsächlicher. Betrachten wir es ganz eng, dann gibt es nur genau ein Problem, um dessen Lösung sich ein Unternehmen bemühen muss: das der Kunden. Kundenprobleme lösen bedeutet Wertschöpfung, und das ist es, worum es geht in einer Organisation. Leider sind sehr viele »Probleme« von der Wertschöpfung zwar weit weg, binden aber trotzdem reichlich Energie.

Eine Kundin formulierte vor einiger Zeit ihr »Problem« im Bereich Diversity. Als Unternehmen waren sie im Branchenvergleich in Bezug auf Diversity nicht mehr auf Platz eins. Das hatte meine Kundin zu einem ihrer Topprobleme ernannt und daher meine Unterstützung angefragt. Wir diskutierten eine Weile, und ich lehnte freundlich ab, denn das ist ein Beispiel für ein unechtes Problem. Ein solches Ranking mag nett und hilfreich sein für die Außenwirkung des Unternehmens. Sein Einfluss auf die Mitarbeitersuche oder Kundenbindung ist aber höchstens indirekt. Und so gibt es unzählige Punkte, deren Nichtlösung auch nicht weiter schlimm ist und bei denen man ernsthaft überprüfen sollte, ob und gegebenenfalls in welchem Umfang man sich damit beschäftigt.

Sinn

»Das ergibt zwar keinen Sinn, aber es ist hier so gewollt«, sagt ein entnervter Manager zu mir. Es geht um das neu gegründete Projektcontrolling, das helfen soll, die Vorhaben »in time and budget« zu halten. Und ich kann ihn verstehen, denn es wird nichts in Abläufen, Prozessen oder Verabredungen verändert, sondern lediglich eine Kontrollinstanz geschaffen, die den Projektmitarbeitenden auf die Finger schaut. »Das war hier mal anders«, führt er weiter aus, »bevor immer mehr Management eingeführt und die Bürokratie in die Höhe geschraubt wurde.« Da habe er sich mit seiner Aufgabe, den Projekten und dem Unternehmen voll identifizieren können, es habe alles Sinn ergeben.

Ob die Menschen in einer Organisation ihre Arbeit als sinnvoll erachten, hat mit der Identifikation mit dem Unternehmen zu tun und geht Hand in Hand mit der Vision und den gelebten Werten. Und es hat damit zu tun, ob sie sich verwirklichen können, lernen und wachsen dürfen. Dieser Sinn kann also niemals von einer Person mit Führungsverantwortung oder einem Personalbereich angereicht oder initiiert werden. Es ist die Entscheidung des oder der Einzelnen, ob sein oder ihr Job zu dieser Zeit Sinn ergibt oder nicht. Die Antwort auf die Frage nach dem Sinn ist über die Zeit veränderlich, und es geht selbstverständlich nicht darum, eine zu jedem Zeitpunkt hundertprozentige Sinnhaftigkeit in allen Tätigkeiten herzustellen. Wir alle kennen auch diese lästigen, wenig spaßigen Aufgaben, die einfach gemacht werden müssen. Die gibt es und sie werden erledigt, auch ohne den großen Sinn dahinter. Mittel- und langfristig jedoch muss das Spiel aufgehen, damit Motivation, Neugier und Ideenreichtum nicht verloren gehen.

In seinem Buch *Affenmärchen* unterscheidet Gebhard Borck (2012) vier Ausprägungen des Sinnbegriffes, die für das Managen und Führen in Organisationen wichtig sind, denn Sinn entsteht auf diversen Ebenen – oder eben auch nicht:

- *Eigensinn:* Die Frage nach dem Sinn des eigenen Lebens treibt früher oder später jeden einzelnen Menschen um. Menschen möchten sich verwirklichen: auch in der Arbeit, die sie tun. Wenn Mitarbeitende sagen, sie gehen nur zum Geldverdienen ins Unternehmen, haben sie gelernt, ihren Arbeitssinn von der Organisation zu entkoppeln, und das sehr wahrscheinlich aus gutem Grund.
- *Fremdsinn:* Es gibt keine Einzelleistung; keine Idee entsteht wirklich nur im Kopf einer Person. So sind wir immer im Austausch mit anderen Menschen und erleben die Grenze unseres Eigensinns. Wir sind auf die Zusammenarbeit mit anderen angewiesen und sie erleben darin unseren Eigensinn. Gleichzeitig sind auch wir konfrontiert mit dem Sinn unserer Mitmenschen und dem der Organisation.
- *Gemeinsinn:* Ist ein Team »im Flow«, dann sind in dieser Gruppe Eigensinn und Fremdsinn sehr nah beieinander. Die Teammitglieder arbeiten auf ein gemeinsames Ziel hin, jeder findet seinen Platz und seinen Freiraum im Team und sie erleben überindividuelle Leistungsfähigkeit. Sinnkopplung, so Borck, sorgt für die Entstehung von Gemeinsinn, denn die Menschen entscheiden in jedem Moment, ob sie sich dem Fremdsinn anschließen wollen, ihren Eigensinn nicht vernachlässigend.
- *Gemeinwohl-Sinn:* Es braucht einen stetigen Blick auf das übergeordnete große Ganze, damit eingeschworene Teams mit

starkem Gemeinsinn nicht blind werden für das, was sie tun. Reflexion sorgt für den Realitätscheck: ob eine Gruppe noch die richtigen Dinge tut und sie passend tut. Dieser Check geht auch über die Unternehmung hinaus und baut auf die gesellschaftliche Verantwortung jedes einzelnen Menschen. Sich als einzelne Person und als Gemeinschaft kritisch zu betrachten, ist die Voraussetzung dafür.

Es liegt im Interesse jedes Unternehmens, dass jeder Mitarbeitende seine Arbeit, seine Rolle, seine Aufgaben als sinnvoll empfindet. Gleichzeitig ist klar, dass Sinn sich nicht absichtsvoll kreieren und verordnen lässt. Aber Sinnverhinderer können entfernt werden und viele davon haben Sie in diesem Buch kennengelernt. Neben unsinniger Bürokratie, zu viel Kontrolle oder Methodenverliebtheit ist auch zu prüfen, welche administrativen und repetitiven Aufgaben besser von Maschinen erledigt werden könnten. Kranke Organisationen stehen der Sinnkopplung ihrer Menschen mit all den Mechanismen und Methoden wie ein Bergmassiv im Weg. Menschen, die sinngekoppelt in einer Organisation wirken, identifizieren sich mit ihr, wollen sich einbringen und das zum Wohle des großen Ganzen. Schaffen Sie Raum und Gelegenheit, über Sinn zu sprechen, das ist der erste Schritt, um ihn greifbar zu machen und die Menschen zur Reflexion einzuladen.

Vision

Nein, ich spreche hier nicht von einer im Workshop der Geschäftsführung ausgearbeiteten Vision, die im Anschluss »ausgerollt« werden soll. Ich spreche von der Vision, die emotional Halt gibt und die Menschen gemeinsam auch durch turbulente und ungewisse Phasen trägt. Die Vision einer Organisation ist ein wichtiger Orientierungspunkt für alle Mitarbeitenden, egal, in welcher Rolle sie agieren. Dabei ist die Vision nie *ein* Bild, in dem sich jeder einzelne Mensch hundertprozentig wiederfindet. Und das muss auch nicht so sein, denn erst einmal folgen wir alle unserer persönlichen Vision in der Arbeit und in der Organisation, für die wir uns entschieden haben.

Orientierungspunkt ist die Vision durch den Diskurs über sie, durch die Auseinandersetzung über meine persönliche und die übergeordnete Vision. Da entstehen Schnittmengen, Gegensätze und Kontrapunkte; und über die Auseinandersetzung mit ihnen und über sie stärken wir die Treiber, sowohl die individuellen als auch die gemeinsamen. Die Frage ist übrigens auch nicht, ob ein Unternehmen eine gute Vision braucht. Ich bin davon überzeugt, dass jedes Unternehmen und jede gesunde Organisation eine hat, und die ist nicht künstlich gezüchtet. Sie zeichnet ein Bild der Organisation in der Zukunft und wofür sie existiert, direkt gekoppelt mit ihrem Sinn und Zweck.

Zukunft gestalten

Verwalten Sie in Ihrer Organisation die Vergangenheit oder versuchen Sie die Zukunft zu planen? Das sind zwei zeitliche Orientierungen, die ich immer wieder beobachte. In ihren Extremformen beide leider nicht hilfreich, um gesund zu bleiben. Den Blick in die Vergangenheit brauchen wir immer wieder, vor allem um Vorgänge über die Zeit zu beobachten und so den Verlauf zu erkennen. Die Arbeit am System findet aber im Hier und Jetzt statt. Entscheidungen treffen, aufmerksam sein, passende Interventionen auswählen, Hypothesen bilden, all das passiert in der Gegenwart. Viel zu oft wird in Organisationen aber nur über eine unterstellte Zukunft diskutiert und daraufhin geplant, geplant, geplant und geplant. Immer mit dem Gedanken dahinter, die Zukunft schreibe sich aus der Vergangenheit linear fort. Reflektieren Sie einmal, welche zeitliche Orientierung in Ihrem Team, in Ihrer Organisation üblich ist. Wie gegenwärtig sind Sie? Und wie gestalten Sie Ihre Zukunft?

Agile, anpassungsfähige Organisationen verwenden einige Zeit darauf, die Zukunft zu antizipieren und Szenarien zu entwerfen. Sie gehen dabei nicht von einem festen Bild der Zukunft aus, sondern stellen sich zunächst viele Fragen. Was wird uns demnächst beeinflussen? Welche Entscheidungen können auf uns zukommen? Welchen Veränderungen werden wir begegnen müssen? Sie schauen im Team und in den äußeren Bedingungen nach schwachen Signalen für Probleme oder auch Krisen. Das dient nicht dazu, eine noch kleinmaschigere Planung zu erstellen, sondern Flexibilität zu trainieren, und zwar in den Köpfen. Denken wir über viele mögliche und auch unmögliche Szenarien und deren Folgen nach, haben wir einen deutlich größeren Vorrat an Lösungsideen, als wenn wir annehmen, die Realität passe sich unseren mentalen Modellen an. So üben wir gleichzeitig das Denken in Wechselwirkungen, denn wir überlegen ebenso, welche Wirkungen unsere Entscheidungen auf andere Menschen oder Bereiche haben können und was davon wiederum auf uns zurückwirkt. Das unbewusst in den Einzelnen und im Team vorhandene Strukturwissen wird so bewusst und wir nutzen aktiv unsere Intuition.

Auch ist es sehr hilfreich, die zwei folgenden Glaubenssätze zu prüfen:

- ◆ »Zukunft passiert, da haben wir keinen Einfluss.«
- ◆ »Zukunft können wir aktiv gestalten.«

Hat der erste Satz in Ihrer Organisation Gültigkeit, bleiben Sie höchstwahrscheinlich im Modus des Reagierens auf Ereignisse und Sie erleben sich als »Produkt der Umstände«. Sie sind immer aber auch Teil des Spiels und wirken, also werden Sie sich besser Ihrer Spielräume bewusst und verabreden die passende Struktur Ihrer Zusammenarbeit. Packen Sie dazu auch die schwierigen Themen aktiv an, in ihnen liegt oft ein großes Potenzial. Ersetzen Sie die Frage »Können wir hier was machen?« durch »Wie können wir hier gestalten?«.

Literaturempfehlungen

Ariely, Dan: Denken hilft zwar, nützt aber nichts: Warum wir immer wieder unvernünftige Entscheidungen treffen. Droemer TB, 2015

Bauer, Joachim: Prinzip Menschlichkeit. Warum wir von Natur aus kooperieren. Heyne, 2008

Bergmann, Frithjof: Neue Arbeit, Neue Kultur. Arbor Verlag, 2004

Bitkom-Studie 2015: siehe https://www.bitkom.org/Presse/Presse-information/Was-man-mit-dem-Smartphone-in-Meetings-macht.html

Borck, Gebhard: Affenmärchen – Arbeit frei von Lack und Leder. Kindle, 2012

Borgert, Stephanie: Die Irrtümer der Komplexität. Warum wir ein neues Management brauchen. GABAL Verlag, 2015

Borgert, Stephanie: Unkompliziert! Das Arbeitsbuch für komplexes Denken und Handeln in agilen Unternehmen. GABAL Verlag, 2018

Borgert, Stephanie: Red Teaming. Stresstest für Ideen. In: managerSeminare, Heft 243, managerSeminare Verlags GmbH, 2018

Boroditsky, Lera / Thibodeau, Paul H.: Metaphors We Think With. The Role of Metaphor in Reasoning: open-access article, 2011; siehe http://lera.ucsd.edu/papers/crime-metaphors.pdf, letzter Zugriff 09.10.2018

Cicourel, Aaron: Basisregeln und normative Regeln im Prozess des Aushandelns von Status und Rolle. In: Alltagswissen, Interaktion und gesellschaftliche Wirklichkeit 1 + 2, Westdeutscher Verlag GmbH, 1980

Denning, Steve: How Modern Economics Is Built On »The World's Dumbest Idea«; siehe https://www.forbes.com/sites/stevedenning/2013/07/22/how-modern-economics-is-built-on-the-worlds-dumbest-idea/#26997e67e6f4, letzter Zugriff 09.10.2018

Dörner, Dietrich: Die Logik des Misslingens. Strategisches Denken in komplexen Situationen. Rowohlt Taschenbuch Verlag, 2003

Drucker, Peter: Management: Tasks, Responsibilities, Practices, Harper & Row, 1973

Dueck, Gunter: schwarmdumm. So blöd sind wir nur gemeinsam. Wilhelm Goldmann Verlag, 2018

Dürr, Hans-Peter: Warum es um das Ganze geht. Neues Denken für eine Welt im Umbruch. Fischer Taschenbuch, 2011

Foucault, Michel: Analytik der Macht. Suhrkamp Verlag, 2005

Friedrich, Kerstin / Kaapke, Timo: Trust and Track. Wie du spielerisch leicht die Kultur umkrempelst und dein Unternehmen von zu viel Management befreist. Unveröffentlichtes Manuskript (Stand: Oktober 2018)

Gloger, Boris / Rösner, Dieter: Selbstorganisation braucht Führung. Carl Hanser Verlag, 2017

Guggenberger, Bernd: Das Menschenrecht auf Irrtum. Anleitung zur Unvollkommenheit. Carl Hanser Verlag, 1987

Harsch, Erich: Ein CDO wäre fatal. Interview; siehe https://www.internetworld.de/e-commerce/omnichannel/chief-digital-officer-fatal-1467227.html, letzter Zugriff 09.10.2018

Harvard Business Manager 2017: siehe http://www.harvardbusinessmanager.de/extra/artikel/meeting-madness-mehr-zeit-fuer-sinnvolle-arbeit-a-1167425.html

Hoffman, Bryce G.: Red Teaming. Transform Your Business by Thinking Like the Enemy. Piatkus, 2017

Höher, Friederike: Menschliche Resilienz in Unternehmen – Dialog als Ressource. Verlag Barbara Budrich, 2018

Hüther, Gerald: Was wir sind und was wir sein könnten. Ein neurobiologischer Mutmacher. Fischer Taschenbuch, 2013

König, Oliver / Schattenhofer, Karl: Einführung in die Gruppendynamik. Carl-Auer Systeme Verlag, 2006

Kotter, John P.: A Force for Change: How Leadership Differs from Management. Free Press, 1990

Kotter, John P.: Leading Change: Wie Sie Ihr Unternehmen in acht Schritten erfolgreich verändern. Vahlen, 2011

Kübler-Ross, Elisabeth / Kessler, David: Dem Leben neu vertrauen. Den Sinn des Trauerns durch fünf Stadien des Verlusts finden. Kreuz Verlag, 2006

Lakoff, George / Johnson, Mark: Leben in Metaphern. Konstruktion und Gebrauch von Sprachbildern. Carl-Auer Systeme Verlag, 2018

Lappé, Frances Moore: Getting A Grip: Clarity, Creativity, and Courage in a World Gone Mad. Small Planet Media, 2007

Luhmann, Niklas: Soziale Systeme: Grundriß einer allgemeinen Theorie. Suhrkamp Verlag, 1987

Luhmann, Niklas: Macht im System. Suhrkamp Verlag, 2013

McGregor, Douglas: The Human Side of Enterprise. McGraw Hill, 1960

Meadows, Donella H.: Die Grenzen des Wachstums. Wie wir sie mit Systemen erkennen und überwinden können. Oekom Verlag, 2010

Morieux, Yves / Tollman, Peter: Six simple rules. How to Manage Complexity Without Getting Complicated. Harvard Business Review Press, 2014

Noelle-Neumann, Elisabeth: Die Schweigespirale. Öffentliche Meinung – unsere soziale Haut. Piper Verlag, 1980

Perlow, Leslie A: Stop the Meeting Madness. In: Harvard Business Review, Juli / August 2017

Riesman, David: Die einsame Masse. Rowohlt Taschenbuch Verlag, 1958

Sheffi, Yossi: The Resilient Enterprise. Overcoming Vulnerability for Competitive Advantage. MIT Press, 2007

Simon, Fritz B.: Einführung in die systemische Organisationstheorie. Carl-Auer Systeme Verlag, 2007

Simon, Fritz B.: Gemeinsam sind wir blöd!? Die Intelligenz von Unternehmen, Managern und Märkten. Carl-Auer Systeme Verlag, 2013

Simon, Herbert A.: The Sciences of the Artificial. MIT Press, 1996

Sprenger, Reinhard: Das anständige Unternehmen. Deutsche Verlags-Anstalt, 2015

Stack, Jack / Burlingham, Bo: The Great Game of Business. The Only Sensible Way to Run a Company. Profile Books, 2014

Watzlawick, Paul / Weakland, John / Fisch, Richard: Lösungen. Zur

Theorie und Praxis menschlichen Wandels. Verlag Hans Huber, 2013

Weber, Max: Wirtschaft und Gesellschaft. Grundriß der verstehenden Soziologie. Verlag J.C.B. Mohr (Paul Siebeck), 1972 (Erstveröffentlichung 1922)

Wedekind, Erhard / Georgi, Hans: Aus der Selbstschutzblockade zur Interaktionsfähigkeit; siehe http://www.knorr-vieten.de/fileadmin/downloads/Artikel/OrgaGeorgi.pdf, letzter Zugriff 09.10.2018

Wehling, Elisabeth: Politisches Framing. Wie eine Nation sich ihr Denken einredet – und daraus Politik macht. Herbert von Halem Verlag, 2016

Whyte, William Hollingsworth: Herr und Opfer der Organisation. Econ Verlag, 1958

Zeuch, Andreas: Feel it! So viel Intuition verträgt Ihr Unternehmen. Wiley Verlag, 2010

Stichwortverzeichnis

Über die Autorin

Stephanie Borgert

1969 im Ruhrgebiet geboren und aufgewach-
sen, studierte sie in den 1990er-Jahren als
eine von wenigen Frauen Ingenieur-Infor-
matik. Sie startete eine erfolgreiche Karriere
in der IT als Beraterin und im internationalen
Vertrieb. Sie übernahm Führungsaufgaben und verantwortete komplexe Projekte und hohe Budgets. Im Jahr 2007 stieg sie aus dieser
Karriere aus und wurde Unternehmerin. Sie berät, coacht und trainiert Führungskräfte und Projektmanager in zeitgemäßer Führung.
Stephanie Borgerts Themenschwerpunkte sind Komplexität und organisationale Resilienz. Dazu hat sie mehrere Bücher veröffentlicht
und spricht als Impulsgeberin auf Veranstaltungen.

Die kranke Organisation ist ihr fünftes Buch. Bisher ebenfalls
im GABAL Verlag erschienen:

Unkompliziert!
Das Arbeitsbuch für komplexes Denken und
Handeln in agilen Unternehmen

Die Irrtümer der Komplexität
Warum wir ein neues Management brauchen

Weitere Bücher und Veröffentlichungen unter
www.stephanieborgert.de

Als Rednerin überzeugt Stephanie Borgert mit ihrer direkten Art,
viel Humor und Hingabe für ihre Vortragsthemen. Eine Auswahl
der Vorträge:

- Denkfehler 4.0 – Warum die Digitalisierung Ihr
  kleinstes Problem ist
- Per Anhalter durch die Künstliche Intelligenz:
- Von Flugtaxis, Sexrobotern und Komplexität
- Arbeit 4.0 – Ändere das Spiel, nicht die Spieler
- Komplex ist nicht gleich kompliziert